主办 中国建设监理协会

中国建设监理与咨询

中国建筑工业出版社

图书在版编目（CIP）数据

中国建设监理与咨询05 / 中国建设监理协会主办. —北京：中国建筑工业出版社，2015.8
ISBN 978-7-112-18426-2

Ⅰ.①中… Ⅱ.①中… Ⅲ.①建筑工程—监理工作—研究—中国 Ⅳ.①TU712

中国版本图书馆CIP数据核字（2015）第209777号

责任编辑：费海玲 张幼平
责任校对：李美娜 刘梦然

中国建设监理与咨询 05

主办 中国建设监理协会

*

中国建筑工业出版社出版、发行（北京西郊百万庄）
各地新华书店、建筑书店经销
北 京 嘉 泰 利 德 公 司 制 版
北京缤索印刷有限公司印刷

*

开本：880×1230毫米 1/16 印张：7¹/₄ 字数：195千字
2015年8月第一版 2015年8月第一次印刷
定价：35.00元
ISBN 978-7-112-18426-2
（27687）

编辑部

地址：北京海淀区西四环北路 158 号

慧科大厦东区 10B

邮编：100142

电话：（010）68346832

传真：（010）68346832

E-mail：zgjsjlxh@163.com

中国建设监理与咨询

目录 CONTENTS

行业动态

中国建设监理协会会长工作会议在哈尔滨市召开 6
中电建协电力监理专委会 2015 年电力监理发展论坛在郑州市召开 6
河南省建设监理协会召开建设监理工作座谈会 7
江苏与贵州两省建设监理协会、建设监理企业开展省际互联互通合作交流活动 7
北京市地方标准《建筑工程施工组织设计管理规程》预验收评审会 8
《天津市建设监理规程》（送审稿）顺利通过专家评审 8
西安市建设监理协会第三届会员代表大会隆重召开 9
福建省建设工程项目信息系统实操交流会在榕成功召开 9
连云港市全面实施建设工程质量检测指纹见证取样送检管理 10
武汉市建设监理协会“三个专委会”成立大会成功召开 10
天津市建设监理协会召开半年领导层会议 11
英国皇家特许测量师学会（RICS）与上海市建设工程咨询行业协会签订战略合作协议 11

政策法规

住房和城乡建设部印发指导意见 加强顶层设计 推进 BIM 应用 12
全国第二批建筑市场监管一体化平台与住房城乡建设部中央数据库联通 13
最高检住建部交通部水利部联合下发《通知》 工程建设领域全面开展行贿犯罪档案查询 13
2015 年 6~8 月开始实施的工程建设标准 14
2014 年建设工程监理统计公报 16

本期焦点：聚焦“建设工程项目管理经验交流会”

在建设工程项目管理经验交流会上的讲话 / 郭允冲 19
新常态下建设监理企业发展机遇与挑战 / 修璐 23
在项目管理经验交流会上的总结发言 / 王学军 26
代表发言摘要 30

协会工作

关于指导监理企业规范价格行为和自觉维护市场秩序的通知 34
全国监理协会秘书长工作会议在贵阳市召开 35

监理论坛

实施零缺陷系统工程管理的尝试 / 刘学武　栾继强　计儒时　36
上海迪士尼项目中美管理理念的分析与启示 / 成晟　41
建筑工程监理方质量控制分析 / 林卫华　李永科　44
大型监理企业技术管理探讨 / 王章虎　49
BT 项目中的监理工作——合同管理 / 李冬成　52
如何做好机电工程施工准备阶段的监理 / 张瑞峰　55
浅谈大跨度、大吨位钢连廊液压整体提升监理控制重点 / 刘天煜　59
浅谈围堤工程监理的质量控制 / 孟庆一　61
地下车库排污系统设计和安装的监理 / 王俊　64

项目管理与咨询

海外工程项目管理案例 / 梁长忠　林振云　66
拓宽项目管理新范式　提升企业核心竞争力——西安大明宫国家遗址公园项目管理创新与实践 / 陕西华建工程管理咨询有限责任公司　71
从一个实例看医疗建筑项目管理的重点和难点 / 刘炳烦　75
新疆国际会展中心二期场馆建设及配套服务区项目管理经验交流 / 新疆昆仑工程监理有限责任公司　78

创新与研究

坚守与蜕变——关于电力监理企业改革和发展的思考 / 李永忠　陈进军　82

人才培养

论监理职业价值观 / 刘尚温　86

人物专访

以“中”为源　成就非凡——专访中煤科工集团武汉设计研究院有限公司总监理工程师杨俊普 / 徐晶　宝立杰　91

企业文化

持续发展之本　创新发展之路——“穗芳建咨”的创新发展历程 / 彭晖　95
开拓谋生存　创新求发展 / 林群　99

中国建设监理协会会长工作会议在哈尔滨市召开

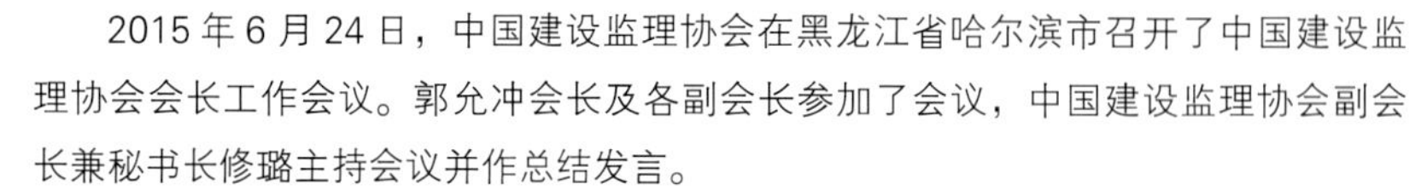

2015 年 6 月 24 日，中国建设监理协会在黑龙江省哈尔滨市召开了中国建设监理协会会长工作会议。郭允冲会长及各副会长参加了会议，中国建设监理协会副会长兼秘书长修璐主持会议并作总结发言。

王学军副会长就 2015 年上半年协会工作情况进行了通报，并对监理工程师注册管理和继续教育情况作了介绍。温健副秘书长和吴江副秘书长分别就协会组织起草的《关于指导监理企业规范价格行为维护市场秩序的通知》和关于建立协会个人会员制度的相关事宜进行了说明。各副会长对上述文件进行了讨论，一致认为这些文件的实施将对规范市场价格和推动行业人员管理起到积极的作用。

郭允冲会长在会议最后作了重要指示，表示个人会员的建立要以服务监理人为目的，参加要自愿，收费要低，服务质量要高，不仅注重继续教育培训，还应与个人诚信档案结合，提高对个人会员的服务与管理，从而推动监理行业的发展；针对监理取费应符合国家规定，提高监理行业服务质量，避免恶性竞争。

中电建协电力监理专委会 2015 年电力监理发展论坛在郑州市召开

6 月 10 日，“坚守 • 蜕变——2015 年电力监理发展论坛”在郑州市召开，论坛邀请中国建设监理协会修璐副会长兼秘书长、王学军副会长，中国电力建设企业协会尤京常务副会长等领导和业界部分专家学者出席并作了精彩的讲话和演讲，中电建协电力监理专委会共计 113 家会员单位代表参加本次发展论坛。论坛探讨了新常态下电力监理变革与发展之路，并作了行业自律管理的新尝试——电力监理行业成本价的收集、发布。

论坛中，专家从国家全面深化改革的新常态中透视了电力监理行业未来发展的四大方向，即工程咨询业的市场化、作为五方主体责任承担相应的责权、逐步淡化强制性监理、监理行业市场准入标准趋向于市场化。据此，监理行业需实现“四个转变”，即从围绕政府向围绕市场转变，从追求最高最强的企业资质向提高服务能力和服务范围转变，从政府政策保障化向市场价值化转变，从吃市场业主饭向吃市场雇主饭转变。

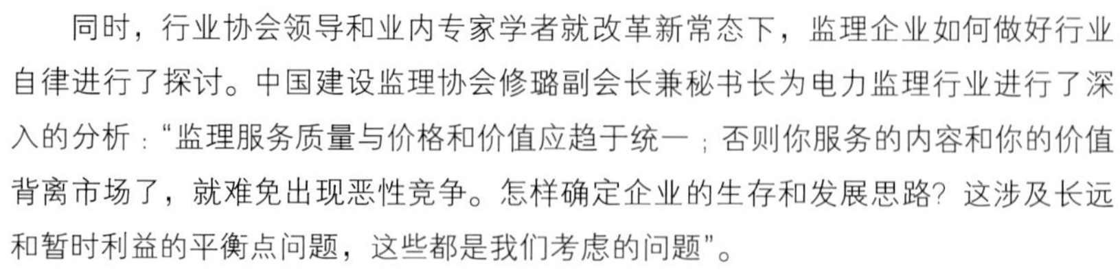

同时，行业协会领导和业内专家学者就改革新常态下，监理企业如何做好行业自律进行了探讨。中国建设监理协会修璐副会长兼秘书长为电力监理行业进行了深入的分析：“监理服务质量与价格和价值应趋于统一；否则你服务的内容和你的价值背离市场了，就难免出现恶性竞争。怎样确定企业的生存和发展思路？这涉及长远和暂时利益的平衡点问题，这些都是我们考虑的问题”。

中国建设监理协会王学军副会长提出，“未来行业管理主要是靠行业自律管理，行业自律管理中诚信体系建设是行业组织的一项重要工作”。

（崔权　提供）

河南省建设监理协会召开建设监理工作座谈会

2015 年 6 月 10 日下午，河南省建设监理协会在郑州召开监理工作座谈会，部分骨干监理企业的负责人参加座谈，共同分析新形势下监理行业的发展和走向。中国建设监理协会副会长兼秘书长修璐、副会长王学军应邀出席会议。

河南省建设监理协会常务副会长赵艳华主持会议。王学军副会长通报了全国监理行业的基本情况，介绍了住建部出台的相关政策和中建协对监理行业发展的想法和思路。王学军副会长认为，工程质量两年行动中，赋予监理五方责任主体的地位，进一步强化了监理的作用，改革的方向是进一步完善监理制度，更好地发挥监理的作用。王学军勉励大家要正确认识和对待行业改革，适应市场新秩序，履行好监理职责，要求地方协会尝试建立监理收费信息的收集和发布机制，探索监理企业应对政府购买社会力量专业服务的模式和措施。

讨论中，代表认为，监理的市场化改革是大势所趋，监理企业要主动适应行业改革的新形势，通过精细化管理、高附加值的服务，打造核心的专业服务能力。

修璐秘书长认为，旧规制、旧体制、旧环境向新规制、新体制、新环境转型的过程，是从量变到质变，从不平衡到再平衡的过程，价格的放开、市场化的改革，是不以人的意志为转移的，监理企业只能顺应，自我改造，在新常态下，成为时代的企业。修璐强调，监理企业的发展，一定不能丢掉施工阶段监理这一核心优势而盲目地转型升级，企业要在新常态下，从吃“政府政策饭”转移到吃“市场价值饭”，有能力满足市场的各种需求。

（耿春　提供）

江苏与贵州两省建设监理协会、建设监理企业开展省际互联互通合作交流活动

为适应新形势下建设监理行业的发展，适应新常态下的新形势，江苏和贵州两省建设监理协会经过协商交流，认为两省分别作为东部和西部地区的重要省份，建设监理行业和企业的发展都各具特色，有必要建立深入交流和互联互通合作关系，以促进两省建设监理行业和企业的健康发展。

经两省建设监理协会商议，决定建立省际行业协会的友好合作关系，两省行业协会将以对接企业的交流活动为支点，推动两省对接企业的先进管理技术与方法的交流与试点，不定期开展技术创新及科技成果、企业文化等交流活动，以弘扬正能量，重塑建设监理行业新形象。经两省建设监理协会牵线搭桥，江苏省 3 家监理企业和贵州省 9 家监理企业结成互联互通友好合作单位，结对企业将建立相互联动机制，逐步实现由企业老总级到企业主要骨干之间的交流，通过交流将双方企业的先进管理技术与管理方法进行试点与实践，以实现技术提升；在条件许可时，双方企业可以联合对项目进行合作监理。

2015 年 5 月 29 日上午，江苏和贵州两省建设监理协会秘书长及企业负责人，在南京市江苏建科建设监理有限公司会议室隆重举行了签约仪式。下午，双方协会秘书长和结对企业负责人分别就互联互通合作内容进行了深入交流。

（高汝扬　提供）

北京市地方标准《建筑工程施工组织设计管理规程》预验收评审会

2015 年 7 月 6 日，北京市住建委组织召开北京市地方标准《建筑工程施工组织设计管理规程》预验收评审会。本《规程》由北京市监理协会、市安全质量监督总站、北京天恒建设工程有限公司主编，21 家建筑、监理和有关主管部门参编。评审会由市住建委科技处李欣主持，市住建委科技处尹强、质量处正处级调研员于扬参加会议；评委有北京市政府建筑专家首席顾问杨嗣信、中国建设监理协会秘书长修璐、北京城建集团副总工李久林、北京第三建筑公司总工陈硕晖、北京住总集团副总工高杰，杨嗣信任组长；市监理协会常务副会长张元勃及《规程》编写人员共计 19 人参加会议。

市监理协会常务副会长张元勃介绍了《规程》编写的整体情况。城建二公司总工李鸿飞代表编写组汇报了《规程》主要技术内容及与《规程》2006 版的区别。本《规程》在原《规程》内容的基础上对主要章节进行了修改，增加了“基本规定”、“施工方案和专项施工方案”和“技术交底”三章，提请评委进行审议。

北京市政府建筑专家首席顾问杨嗣信等评委，对该《规程》全部 7 个章节进行了审议，提出近 20 条需要商讨、修改的建议，并与编写组进行了认真细致的讨论，对多项条款达成一致意见，提议增加“招投标”一章。评委一致认为该《规程》系统性强，条理清晰，增加的章节弥补了原《规程》的不足，很有实用性和指导意义。

（张宇红　提供）

《天津市建设监理规程》（送审稿）顺利通过专家评审

2015 年 6 月 17 日下午，由天津市建委组织，《天津市建设监理规程》（送审稿）专家评审会在天津市建委一楼第二会议室召开。来自天津市建委科技处、建设单位、施工单位、监理单位的 9 名专家组成评审专家组参加了《天津市建设监理规程》（送审稿）专家评审会，会议由评审专家组组长蔡子衡主持。

《天津市建设监理规程》修订组副组长马明对规程的修订情况进行了详细的说明，由评审组组长牵头，评审专家根据市建委规程评审要求，逐章逐节进行讨论研究，集思广益，提出了修改建议和意见。规程修订组表示，将认真汇总专家提出的修改意见修改形成报批稿，审核通过后尽快将《天津市建设监理规程》投入使用，满足天津市建设监理工作的实际需要。

（张帅　提供）

西安市建设监理协会第三届会员代表大会隆重召开

西安市建设监理协会第三届会员代表大会暨三届一次理事会于2015年5月26日上午在西安市古都大酒店隆重召开。中国建设监理协会副秘书长吴江、陕西省建设监理协会会长商科、西安市质量安全监督站站长黄宝伟、西安市城乡建设委员会建筑业管理处董克明出席了会议，会员单位代表100余人参加会议。

会议宣读了西安市民政局“关于同意召开西安市建设监理协会第三届会员代表大会”的批文，协会第二届理事会会长朱立权作了二届理事会工作报告，副会长谭龙海作了二届理事会财务状况报告。

会议审议通过了二届理事会工作报告，二届理事会财务状况报告，新修改后的协会章程，选举产生了西安市建设监理协会第三届理事会理事、常务理事、会长、副会长、秘书长，由秘书长提名通过了副秘书长的聘任，专家咨询委员会主任的聘任。陕西兵器建设监理公司总经理朱立权当选协会第三届理事会会长，陕西远大工程项目管理有限公司副总经理冀元成当选副会长兼秘书长。会上中国建设监理协会副秘书长吴江、陕西省建设监理协会会长商科、西安市质量安全监督站站长黄宝伟作了重要讲话。

新当选协会副会长兼秘书长冀元成安排部署了西安市建设监理协会2015年度的工作重点。

（王红旗　提供）

福建省建设工程项目信息系统实操交流会在榕成功召开

2015年6月13日下午，福建省建设工程项目信息系统实操交流会在榕成功召开。会议由省协会常务副秘书长江如树同志主持，省协会秘书长金捷同志出席交流会。会议邀请了福建省建设工程质量安全监督总站质量监督管理科副科长郭月容同志主讲“建设工程项目信息系统的使用方法及相关注意事项”。来自144家监理企业的代表参加了会议。

交流会围绕新系统升级背景、新旧监管信息系统对比、新系统应用注意事项、实际操作演练及现场答疑等环节展开。会上，企业代表认真听取郭科长的讲解，并记录各企业代表在实际操作中遇到的问题和困难。在现场答疑互动环节，大家踊跃、有序提问，并得到一一解答。此次交流会的模式得到参会代表的一致好评，通过“讲解＋互动”，有效构建良好的沟通与互动，对进一步规范监理项目备案、解决备案过程中存在的问题具有促进意义。

（杨溢　提供）

连云港市全面实施建设工程质量检测指纹见证取样送检管理

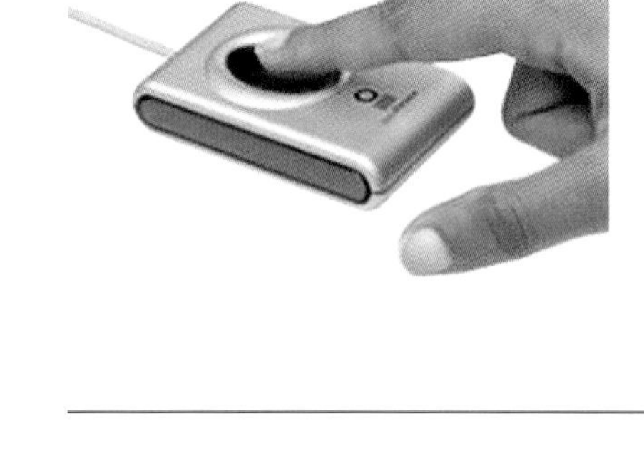

为进一步加强连云港地区建设工程质量检测见证取样送检的监理管理工作，规范见证取样送检行为，确保检测样品的真实性与代表性，杜绝虚假检测行为发生，连云港市自2015年6月开始在全市范围内对建设工程质量检测送检人员实行指纹验证管理。

2015年6月1日起为试运行阶段，时间为三个月，2015年9月1日起正式实施。试运行期间，要求凡已入库的见证人员使用指纹识别系统，进行指纹见证取样。正式实施后，监理（建设）单位的见证人员负责取样和送检的现场见证工作，对送检样品的代表性和真实性负责。样品送检时，见证人员必须对检测样品全程见证，并至检测机构进行指纹确认。各检测机构必须使用指纹识别系统进行委托。未进行指纹见证送检的样品，检测机构将在检测报告上盖“无见证检测”章，无见证送检的检测报告不得作为质量保证资料和竣工验收资料。

（王怀栋　提供）

武汉市建设监理协会“三个专委会”成立大会成功召开

2015年6月26日，武汉建设监理协会“三个专委会”成立大会在江夏成功召开，共有来自“专家委”、“自律委”、“期刊编委会”的52名成员参加。会议由协会副会长陈望华主持。湖北省建设监理协会会长刘治栋到会并致开幕词，武汉市城建委巡视员方大德、副巡视员邱济彪到会并发表讲话，汪成庆会长作总结讲话。

本次大会历时一天，上午以各委员会召开分组讨论会议为主，下午为集体会议。

上午，“专家委”成员主要讨论了协会“四大课题”研究的具体工作计划；“自律委”成员重点讨论了武汉建设监理行业诚信自律建设工作；“期刊编委会”成员讨论研究了《武汉建设监理》2015年第三期和第四期的相关工作及计划，并讨论确定了管理记者团的基本思路。下午，“三个专委会”成立大会集体会议召开。湖北省建设监理协会会长刘治栋作了精彩的开幕致辞；会议宣读了关于成立“专家委”、“期刊编委会”和“自律委”的通知并对“三个专委会”成员颁发了聘书；“三个专委会”各负责人向大会汇报了各专委会今后的工作计划和安排。会议最后，邱济彪副巡视员、方大德巡视员和汪成庆会长先后发表重要讲话。

“三个专委会”的成功召开，凝聚了行业精英力量，各位专家表示，在今后的工作中将继续为做好协会“四大课题”研究、“三个大力倡导”、“双向服务”和舆论宣传工作贡献智慧，创造新成绩、谱写新篇章。

（陈凌云　提供）

天津市建设监理协会召开半年领导层会议

2015 年 7 月 23 日上午，天津市建设监理协会 2015 年半年领导层工作会议在天津市政协俱乐部召开。天津市建设监理协会理事长周崇浩、副理事长袁玉禄、郑立鑫、霍斌兴、王树敏、李学忠，监事会主席王振峰，监事会监事孙志雄、陈召忠及秘书处相关人员参加会议，会议由协会理事长周崇浩主持。

会上，协会秘书处相关人员汇报了协会 2015 年上半年的工作总结及下半年的工作要点，传达了“天津市八部委关于进一步推进我市行业协会商会诚信自律建设工作的通知”、“天津市社会团体信息公开办法”、“中国建设监理协会《关于指导监理企业规范价格行为和自觉维护市场秩序的通知》”、“第五届监理人员诚信评价工作总结”等几个重要文件。协会理事长周崇浩解读了中办、国办印发的《行业协会商会与行政机关脱钩总体方案》，与参会领导共同商讨行业协会与行政机关行业脱钩后协会如何规范、健康发展，真正成为依法自治的现代社会组织。

周崇浩理事长还就近期协会开展的几项重点工作进行详细部署。关于天津市建委下发的《天津市建设工程监理企业信用评价办法》(试行)没有全部采纳协会向企业征求的修改意见，协会及时与市建委主管领导沟通，特别提出施工单位对监理单位评价的标准要求不妥并以书面报告上报市建委，目前市建委正着手对该项的评分细则进行调整。同时，协会还将尽快与天津市建委沟通解决天津市建设监理工程师中标锁卡、专业监理工程师培训等事宜。

(张帅　提供)

英国皇家特许测量师学会(RICS)与上海市建设工程咨询行业协会签订战略合作协议

7 月 20 日下午，英国皇家特许测量师学会(RICS)总部 Pierpaolo Franco 等一行，专程拜访上海市建设工程咨询行业协会，并与严鸿华会长共同签订了战略合作协议，本次协议的签署，旨在建立一个全面、专业的战略合作伙伴关系。

为了本次签订仪式，7 月 17 日 RICS 中国区理事会主席梁士毅、培训产品经理樊蓉和市场传播经理徐丽珍专程拜访了协会，并与协会领导进行了会谈，内容包括对 RICS 学习中心、合作形式的介绍以及市场传播合作的探讨等。

在 17 日的沟通恳谈会上，严鸿华会长对多年来与 RICS 的合作充分肯定，对新一轮合作能进一步提升国际交流的价值表示由衷赞赏。严鸿华会长说：“听了樊蓉女士对 RICS 新情况的介绍，很受鼓舞，相信通过继续与 RICS 的合作，一定能提高行业水平和专业技术人员的水平，以充分体现我们行业协会参与国际交流的价值。”

协会常务副会长孙占国、副会长兼秘书长许智勇、副秘书长杨宏巍出席了签订仪式。

住房和城乡建设部印发指导意见 加强顶层设计　推进BIM应用

为贯彻《2011 ~ 2015 年建筑业信息化发展纲要的通知》和《住房城乡建设部关于推进建筑业发展和改革的若干意见》有关工作部署、推进建筑信息模型（以下简称“BIM”）的应用，住房城乡建设部日前印发《关于推进建筑信息模型应用的指导意见》（以下简称《指导意见》）。

近年来，BIM 在我国建筑领域的应用逐步兴起，技术理论研究持续深入，标准编制工作正在全面展开。同时，BIM 在部分重点项目的设计、施工和运营维护管理中陆续得到应用，与国际先进水平的差距正在逐步缩小。推进 BIM 应用，已成为政府、行业和企业的共识。

但是 BIM 的发展还存在一些问题，如：缺少顶层设计；BIM 应用只停留在各企业和项目的自发层面，没有形成统一的目标和路径；项目应用中设计、施工、运营维护各阶段完全割裂，没有充分体现 BIM 在全生命周期中的优势等。为此，迫切需要在国家层面出台纲领性文件，更好地进行指导和推进。

为满足发展需要，住房城乡建设部工程质量安全监管司于 2012 年开始组织有关协会学会、高校、设计和施工单位开展相关课题研究，在总结研究成果基础上，着手起草有关文件，并充分征求吸收各方意见，形成了《指导意见》。

《指导意见》明确了 BIM 应用的基本原则，即“企业主导，需求牵引；行业服务，创新驱动；政策引导，示范推动”。

《指导意见》同时提出了发展目标：到 2020 年年底，建筑行业甲级勘察、设计单位以及特级、一级房屋建筑工程施工企业应掌握并实现 BIM 与企业管理系统和其他信息技术的一体化集成应用。以国有资金投资为主的大中型建筑以及申报绿色建筑的公共建筑和绿色生态示范小区新立项项目勘察设计、施工、运营维护中，集成应用 BIM 的项目比率达到 90%。

《指导意见》强调 BIM 的全过程应用，指出要聚焦于工程项目全生命期内的经济、社会和环境效益，在规划、勘察、设计、施工、运营维护全过程普及和深化 BIM 应用，提高工程项目全生命期各参与方的工作质量和效率，并在此基础上，针对建设单位、勘察单位、规划和设计单位、施工企业和工程总承包企业以及运营维护单位的特点，分别提出 BIM 应用要点。要求有关单位和企业要根据实际需求制订 BIM 应用发展规划、分阶段目标和实施方案，研究覆盖 BIM 创建、更新、交换、应用和交付全过程的 BIM 应用流程与工作模式，通过科研合作、技术培训、人才引进等方式，推动相关人员掌握 BIM 应用技能，全面提升 BIM 应用能力。

此外，《指导意见》还提出了 7 项保障措施，包括宣传 BIM 理念、意义、价值，梳理、修订、补充有关法律法规，建立 BIM 应用标准体系，自主研发适合我国国情的 BIM 应用软件，培育 BIM 应用产业化示范基地和产业联盟，培训 BIM 应用人才，研究基于 BIM 的工程监管模式。

《指导意见》为进一步推动 BIM 在我国建筑领域的应用、支撑建筑行业技术升级、变革生产方式、创新管理模式奠定了坚实的基础。可以预见，随着《指导意见》的贯彻落实，我国建筑领域将进一步掀起 BIM 应用的热潮，不断推动我国建筑业转型升级和健康持续发展。

（摘自《中国建设报》建文）

全国第二批建筑市场监管一体化平台与住房城乡建设部中央数据库联通

全国第二批10个省级建筑市场监管与诚信一体化工作平台日前完成建设。至此，全国共有18个省、自治区、直辖市实现了和住房城乡建设部建筑市场监管与诚信信息系统中央数据库的实时联通。

今年5月至7月，住房城乡建设部建筑市场监管司继续全面落实工程质量治理两年行动方案，加大对各地建筑市场监管与诚信体系建设的巡查力度，重点推进第二批省级建筑市场监管与诚信一体化工作平台建设，强化督促质量进度，确保实现部省监管与诚信数据互联共享。

据介绍，第二批完成省级建筑市场监管与诚信一体化工作平台建设的有天津、重庆、河北、河南、山西、浙江、福建、广东、甘肃、宁夏10个省、自治区、直辖市。截至目前，全国共有北京、上海、江苏、安徽、湖南、四川、陕西、海南等18个省、自治区、直辖市完成了省级建筑市场监管与诚信一体化工作平台建设，实现了和住房城乡建设部建筑市场监管与诚信信息系统中央数据库的实时联通。

下一步，住房城乡建设部建筑市场监管司将继续按照要求，靠前服务，加强督导，力争在今年年底前，推进其余13个省（自治区）建筑市场监管与诚信一体化工作平台建设工作，全面实现全国建筑市场“数据一个库、监管一张网、管理一条线”的信息化监管目标。

（摘自《中国建设报》建市）

最高检住建部交通部水利部联合下发《通知》工程建设领域全面开展行贿犯罪档案查询

近日，最高人民检察院与住房城乡建设部、交通运输部、水利部联合下发《关于在工程建设领域开展行贿犯罪档案查询工作的通知》（下称《通知》）规定，在工程项目招投标、设备物资采购、建筑企业资质许可、个人执业资格认定、企业信用等级评定与管理等工程建设领域各环节全面开展行贿犯罪档案查询工作。检察机关对有关部门、单位和个人提出的书面查询申请，应当经审核后进行查询，在3个工作日内提供查询结果。

《通知》指出，住房城乡建设、交通运输、水利等主管部门、建设单位（业主单位）、受委托的代理机构在工程项目招标、设备物资采购过程中，可以针对有关单位或个人直接向检察院进行行贿犯罪档案查询，也可以要求参加工程项目投标、设备物资供应的单位和个人自行向检察院查询并提交查询结果。应以主管部门、建设单位（业主单位）、代理机构查询为主，以要求单位和个人查询为辅。

《通知》要求，住房城乡建设、交通运输、水利等主管部门以及建设单位（业主单位）应当依据有关法律法规或者有关管理规定，对经查询有行贿犯罪记录的单位或者个人，根据不同情况作出处置，包括限制其在一定时期内进入本地区、本行业建设市场，取消投标资格，从供应商目录中删除，扣减信誉分，不予（暂缓）许可，责令停业整顿，降低资质等级，吊销资质证书等方式。

2015年6~8月开始实施的工程建设标准

2015年6月开始实施的工程建设标准

序号	标准名称	标准编号	发布日期	实施日期
1	古建筑防雷工程技术规范	GB 51017-2014	2014-8-4	2015-6-1
2	城市综合管廊工程技术规范	GB 50838-2015	2015-5-22	2015-6-1
3	建筑节能气象参数标准	JGJ/T 346-2014	2014-11-5	2015-6-1
4	城镇给水预应力钢筒混凝土管管道工程技术规程	CJJ 224-2014	2014-11-5	2015-6-1
5	建筑反射隔热涂料节能检测标准	JGJ/T 287-2014	2014-11-5	2015-6-1
6	建筑塑料复合模板工程技术规程	JGJ/T 352-2014	2014-11-5	2015-6-1

2015年7月开始实施的工程建设标准

序号	标准名称	标准编号	发布日期	实施日期
1	垃圾源臭气实时在线检测设备	CJ/T 465-2015	2015-1-20	2015-7-1
2	燃气取暖器	CJ/T 113-2015	2015-1-20	2015-7-1
3	瓶装液化二甲醚调压器	CJ/T 470-2015	2015-1-20	2015-7-1
4	燃气热水器及采暖炉用热交换器	CJ/T 469-2015	2015-1-20	2015-7-1
5	超高分子量聚乙烯钢骨架复合管材	CJ/T 323-2015	2015-1-20	2015-7-1
6	导流型容积式水加热器和半容积式水加热器	CJ/T 163-2015	2015-1-20	2015-7-1
7	法兰衬里中线蝶阀	CJ/T 471-2015	2015-1-20	2015-7-1
8	泡沫玻璃外墙外保温系统材料技术要求	JG/T 469-2015	2015-1-20	2015-7-1
9	建筑门窗幕墙用中空玻璃弹性密封胶	JG/T 471-2015	2015-1-20	2015-7-1
10	建筑光伏系统 无逆流并网逆变装置	JG/T 466-2015	2015-1-20	2015-7-1
11	菱镁防火门芯板	JG/T 470-2015	2015-1-20	2015-7-1
12	墙体用界面处理剂	JG/T 468-2015	2015-1-20	2015-7-1

2015年8月开始实施的工程建设标准

序号	标准名称	标准编号	发布日期	实施日期
国标				
1	建筑机电工程抗震设计规范	GB 50981-2014	2014/10/9	2015/8/1
2	核电厂岩土工程勘察规范	GB 51041-2014	2014/10/9	2015/8/1
3	建筑与桥梁结构监测技术规范	GB 50982-2014	2014/10/9	2015/8/1
4	水喷雾灭火系统技术规范	GB 50219-2014	2014/10/9	2015/8/1
5	110kV~750kV架空输电线路施工及验收规范	GB 50233-2014	2014/10/9	2015/8/1
6	地下水监测工程技术规范	GB/T 51040-2014	2014/10/9	2015/8/1
7	烟囱可靠性鉴定标准	GB 51056-2014	2014/12/2	2015/8/1
8	冻土工程地质勘察规范	GB 50324-2014	2014/12/2	2015/8/1
9	汽车库、修车库、停车场设计防火规范	GB 50067-2014	2014/12/2	2015/8/1
10	电气装置安装工程 爆炸和火灾危险环境电气装置施工及验收规范	GB 50257-2014	2014/12/2	2015/8/1
11	毛纺织工厂设计规范	GB 51052-2014	2014/12/2	2015/8/1

序号	标准名称	标准编号	发布日期	实施日期
12	有色金属工业厂房结构设计规范	GB 51055-2014	2014/12/2	2015/8/1
13	电子工业纯水系统安装与验收规范	GB 51035-2014	2014/12/2	2015/8/1
14	水土保持工程设计规范	GB 51018-2014	2014/12/2	2015/8/1
15	城市消防站设计规范	GB 51054-2014	2014/12/2	2015/8/1
16	水文基本术语和符号标准	GB/T 50095-2014	2014/12/2	2015/8/1
17	型钢轧钢工程设计规范	GB 50410-2014	2014/12/2	2015/8/1
18	国家森林公园设计规范	GB/T 51046-2014	2014/12/2	2015/8/1
19	水资源规划规范	GB/T 51051-2014	2014/12/2	2015/8/1
20	小型水力发电站设计规范	GB 50071-2014	2014/12/2	2015/8/1
21	医药工业总图运输设计规范	GB 51047-2014	2014/12/2	2015/8/1
22	水泥工厂脱硝工程技术规范	GB 51045-2014	2014/12/2	2015/8/1
23	钢铁企业能源计量和监测工程技术规范	GB/T 51050-2014	2014/12/2	2015/8/1
24	核电厂总平面及运输设计规范	GB/T 50294-2014	2014/12/2	2015/8/1
25	电气装置安装工程 起重机电气装置施工及验收规范	GB 50256-2014	2014/12/2	2015/8/1
26	电化学储能电站设计规范	GB 51048-2014	2014/12/2	2015/8/1
27	工业用水软化除盐设计规范	GB/T 50109-2014	2014/12/2	2015/8/1
28	电气装置安装工程串联电容器补偿装置施工及验收规范	GB 51049-2014	2014/12/2	2015/8/1
29	有色金属加工机械安装工程施工与质量验收规范	GB 51059-2014	2014/12/2	2015/8/1
30	精神专科医院建筑设计规范	GB 51058-2014	2014/12/2	2015/8/1
31	工业循环水冷却设计规范	GB/T 50102-2014	2014/12/2	2015/8/1
32	电网工程标识系统编码规范	GB/T 51061-2014	2014/12/11	2015/8/1
33	大中型沼气工程技术规范	GB/T 51063-2014	2014/12/2	2015/8/1
34	煤矿设备安装工程施工规范	GB 51062-2014	2014/12/2	2015/8/1
35	有色金属矿山水文地质勘探规范	GB 51060-2014	2014/12/2	2015/8/1
36	110(66)kV～220kV智能变电站设计规范	GB/T 51072-2014	2014/12/2	2015/8/1
37	330kV～750kV智能变电站设计规范	GB/T 51071-2014	2014/12/2	2015/8/1
38	煤炭矿井防治水设计规范	GB 51070-2014	2014/12/2	2015/8/1
39	医药工业仓储工程设计规范	GB 51073-2014	2014/12/2	2015/8/1
40	中药药品生产厂工程技术规范	GB 51069-2014	2014/12/2	2015/8/1
41	煤炭工业露天矿机电设备修理设施设计规范	GB/T 51068-2014	2014/12/2	2015/8/1
42	光缆生产厂工艺设计规范	GB 51067-2014	2014/12/2	2015/8/1
43	工业企业干式煤气柜安全技术规范	GB 51066-2014	2014/12/2	2015/8/1
44	煤矿提升系统工程设计规范	GB/T 51065-2014	2014/12/2	2015/8/1
45	工业炉砌筑工程施工与验收规范	GB 50211-2014	2014/11/15	2015/8/1
46	电子会议系统工程施工与质量验收规范	GB 51043-2014	2014/12/2	2015/8/1
47	土工合成材料应用技术规范	GB/T 50290-2014	2014/12/2	2015/8/1
48	水利工程设计防火规范	GB 50987-2014	2014/12/2	2015/8/1
49	综合医院建筑设计规范	GB 51039-2014	2014/12/2	2015/8/1
50	医药工业废弃物处理设施工程技术规范	GB 51042-2014	2014/12/2	2015/8/1
51	煤矿采空区岩土工程勘察规范	GB 51044-2014	2014/12/2	2015/8/1
52	岩土工程基本术语标准	GB/T 50279-2014	2014/12/2	2015/8/1

序号	标准名称	标准编号	发布日期	实施日期
行标				
1	泡沫混凝土应用技术规程	JGJ/T 341-2014	2014/12/17	2015/8/1
2	生活垃圾堆肥处理厂运行维护技术规程	CJJ 86-2014	2014/12/17	2015/8/1
3	城镇污水处理厂运营质量评价标准	CJJ/T 228-2014	2014/12/17	2015/8/1
4	建筑工程风洞试验方法标准	JGJ/T 338-2014	2014/12/17	2015/8/1
5	公共建筑吊顶工程技术规程	JGJ 345-2014	2014/12/17	2015/8/1
6	生活垃圾堆肥处理技术规范	CJJ 52-2014	2014/12/17	2015/8/1
7	随钻跟管桩技术规程	JGJ/T 344-2014	2014/12/17	2015/8/1
8	农村住房危险性鉴定标准	JGJ/T 363-2014	2014/12/17	2015/8/1
9	人工碎卵石复合砂应用技术规程	JGJ 361-2014	2014/12/17	2015/8/1

2014年建设工程监理统计公报

住房和城乡建设部

根据建设工程监理统计制度相关规定，我们对2014年全国具有资质的建设工程监理企业基本数据进行了统计，现公布如下：

一、企业的分布情况

2014年全国共有7279个建设工程监理企业参加了统计，与上年相比增长6.73%。其中，综合资质企业116个，增长16%；甲级资质企业3058个，增长10.92%；乙级资质企业2744个，增长5.54%；丙级资质企业1334个，减少0.52%；事务所资质企业27个，增加22.72%。具体分布见表1～表3。

全国建设工程监理企业按地区分布情况 表1

地区名称	北京	天津	河北	山西	内蒙古	辽宁	吉林	黑龙江
企业个数	314	96	319	232	164	307	195	241
地区名称	上海	江苏	浙江	安徽	福建	江西	山东	河南
企业个数	177	713	402	249	232	152	521	322
地区名称	湖北	湖南	广东	广西	海南	重庆	四川	贵州
企业个数	250	222	490	164	45	94	338	98
地区名称	云南	西藏	陕西	甘肃	青海	宁夏	新疆	
企业个数	144	7	417	155	62	58	99	

全国建设工程监理企业按工商登记类型分布情况 表2

工商登记类型	国有企业	集体企业	股份合作	有限责任	股份有限	私营企业	其他类型
企业个数	608	50	50	3660	687	2144	80

全国建设工程监理企业按专业工程类别分布情况　　表 3

资质类别	综合资质	房屋建筑工程	冶炼工程	矿山工程	化工石油工程	水利水电工程
企业个数	116	5941	34	40	151	81
资质类别	电力工程	农林工程	铁路工程	公路工程	港口与航道工程	航天航空工程
企业个数	249	23	47	33	10	6
资质类别	通信工程	市政公用工程	机电安装工程	事务所资质		
企业个数	15	503	3	27		

* 本统计涉及专业资质工程类别的统计数据，均按主营业务划分。

二、从业人员情况

2014 年年末，工程监理企业从业人员 941909 人，与上年相比增长 5.76%。其中，正式聘用人员 741354 人，占年末从业人员总数的 78.71 %；临时聘用人员 200555 人，占年末从业人员总数的 21.29 %；工程监理从业人员为 703187 人，占年末从业总数的 74.66%。

2014 年年末，工程监理企业专业技术人员 831718 人，与上年相比增长 4.93%。其中，高级职称人员 122065 人，中级职称人员 369454 人，初级职称人员 212486 人，其他人员 127713 人。专业技术人员占年末从业人员总数的 88.30%。

2014 年年末，工程监理企业注册执业人员为 201863 人，与上年相比增长 9.12%。其中，注册监理工程师为 137407 人，与上年相比增长 7.98%，占总注册人数的 68.07%；其他注册执业人员为 64456 人，占总注册人数的 31.93%。

三、业务承揽情况

2014 年，工程监理企业承揽合同额 2435.24 亿元，与上年相比增长 0.50%。其中，工程监理合同额 1279.23 亿元，与上年相比增长 4.09%；工程项目管理与咨询服务、勘察设计、工程招标代理、工程造价咨询及其他业务合同额 1156.01 亿元，与上年相比减少 3.18%。工程监理合同额占总业务量的 52.53%。

四、财务收入情况

2014 年，工程监理企业全年营业收入 2221.08 亿元，与上年相比增长 8.56%。其中工程监理收入 963.6 亿元，与上年相比增长 8.77%；工程勘察设计、工程项目管理与咨询服务、工程招标代理、工程造价咨询及其他业务收入 1257.5 亿元，与上年相比增长 8.39%。工程监理收入占总营业收入的 43.4%。其中，9 个企业工程监理收入突破 3 亿元，32 个企业工程监理收入超过 2 亿元，131 个企业工程监理收入超过 1 亿元，工程监理收入过亿元的企业个数与上年相比增长 12.93%。

五、建设工程监理收入前 100 名企业情况

（一）工程监理收入前 100 名企业中，从主管业务来看，房屋建筑工程 47 个，电力工程 14 个，铁路工程 13 个，化工石油工程 6 个，市政公用工程、水利水电工程和通信工程各 5 个，其他工程 5 个。

（二）工程监理收入前 100 名企业中，从所在地区分布来看，北京 20 个，上海、四川各 12 个，广东 10 个，浙江 6 个，江苏 5 个，安徽、重庆各 4 个，山西 3 个、天津、福建、甘肃、河南、湖北、湖南、辽宁、山东、陕西各 2 个，其他地区 6 个。

本期
焦点

聚焦“建设工程项目管理经验交流会”

2015 年 7 月 15 日，由中国建设监理协会主办、吉林省建设监理协会协办的建设工程项目管理经验交流会在长春市召开。本次会议旨在贯彻住房城乡建设部关于推进建筑业发展和改革的若干意见和工程质量治理两年行动方案，应对工程监理服务价格市场化新形势，增强监理企业适应建筑市场发展和改革的能力，促进监理行业可持续发展。全国各地建设监理协会、各分会（专业委员会）、企业代表共 400 多人参加本次大会。

吉林省住房和城乡建设厅副厅长范强到会并致辞，中国建设监理协会会长郭允冲作重要讲话，中国建设监理协会副会长兼秘书长修璐作“新常态下建设监理企业面临的机遇与挑战”主题报告，龚花强等 11 名专家、教授及企业负责人在会上作专题演讲。会议由中国建设监理协会副会长王学军和中国建设监理协会副秘书长温健分别主持。

在建设工程项目管理经验交流会上的讲话

中国建设监理协会　郭允冲

同志们、各位代表：

大家好！

今天我们在这里召开“建设工程项目管理经验交流会”，有来自全国各地和有关工业部门监理协会和企业的400多位代表与会。将有12位专家学者从不同方面进行经验交流，内容有不同投资类型的项目管理、BIM技术应用、工程监理与项目管理一体化服务和价格放开对行业的影响及应对措施等。我看了发言材料，对大家有一定参考价值。如重庆赛迪的材料，讲了怎样运用BIM技术问题。作为一项新的信息技术和工具，BIM在提高工程建设水平和减少工程事故，利用3D、4D技术，将设计、施工、监理等结合起来，实现可视化管理方面具有很好的参考作用。如上海宝钢的材料，讲了他们海外工程管理经验，列举了在越南年产120万吨冷轧钢项目，讲海外工程项目的综合管理，严格依法办事，严格按照合同办事，按照他们的说法是事无巨细，把所有东西都在合同上说清楚，在以后执行过程中完全按合同办事。如上海同济的材料，专门讲了项目管理的实施策划。从项目前期策划、项目实施（勘察、设计、施工以及竣工验收等）全过程管理，实现投资、进度、质量三大目标控制，以及合同、信息、风险管理和组织协调等。专家学者发言会从不同方面给大家介绍经验和情况，不一定很全面，也不一定符合所有人想法，但能起交流借鉴、启发促进的作用，对监理行业走出困境，走向未有具有重要意义。

下面讲几个问题，供大家参考。

一、关于监理行业发展状况。首先从监理行业的企业分布情况来看：2014年全国约有7200余家监理企业，比2013年增长6.7%。有综合资质企业116家，增长16%；甲级资质企业3058家，增长10.9%；乙级资质企业2744家，增长5.5%；丙级资质企业1341家，减少0.5%。说明大企业增长幅度比较大，小企业增长幅度比较小，这是一种好现象，说明监理企业正朝着做大做强方向发展。二从承揽业务量来看，2014年监理全部业务量大概是2400亿，同比增长32.68%，其中单纯监理业务增长19.2%，综合性项目管理包括勘察设计、咨询、招投标、工程造价等增长50.18%。这说明两个问题：一方面总量增长比较快，达到了32.68%，远高于建筑业的增长，另一方面综合性业务增长比单纯监理业务增长多两倍以上。这说明单纯监理正逐步走向综合服务性监理，监理行业发展新趋势已初见端倪。三从单个企业的收入来看，有5个监理企业年收入超过3个亿，有31个监理企业年收入超过2亿，有116个企业的年收入超过1个亿，收入超过1个亿的企业数量比上年增长38.10%，这说明监理企业亦在做大做强。虽然监理行业目前还有很多困难，但通过大家努力，监理行业在前进，在发展。广大监理企业和从事监理工作的干部职工要有信心、有决心，要相信自己，只要朝着正确的方向努力，不断提高企业综合素质，我们的监理行业和监理企业肯定会越来越好。

二、关于监理行业存在的问题。这个问题我以前讲过，今天再简单说一下。现在监理行业存在的问题既有老问题又有新情况。老问题既复杂又简单。所谓复杂，原由有三：一是从国家层面看，建筑业市场（包括监理行业）仍不是一个完整市场，不是一个统一市场。即市场不统一、权责不统一，似乎大家都管，又都不管。如在资质审批上大家都想管，出了事故或问题，却又都往外推，权责不清。有的部门光有权力没有责任，有的部门只有责任没有权力。二是市场供过于求。如果是完善的市场经济，是竞争经济，是优胜劣汰经济，自然而然会把劣的淘汰，强的生存。但现在既有市场经济成分，又有计划经济成分，有的实力不强甚至违法违规，发生质量安全事故的企业，通过请客送礼拿到了项目，有的能力很强，做得很好且诚实守信的企业，不愿低三下四请客送礼，反而拿不到项目。这就不仅做不到优胜劣汰，有的甚至优汰劣胜。三是政府监管不到位。反映在“三多三少”，即法律法规文件发得比较多，监督检查相对比较少；市场准入管理比较多，清出管理比较少；企业资质、人员资格审批比较多，审批后的动态监管相对比较少。所谓简单，就是不管市场怎么变，不管监管形势怎么样，从长远和根本来看，企业的发展还是要靠自己，只有企业的自身实力强了，自身的综合能力强了，才能任凭风吹浪打，任凭形势环境变化，都能勇往直前。企业只能靠自身能力、自身实力去发展，靠别人帮忙、别人支持、别人关心，都是靠不住的。因此，企业必须苦练内功，加强管理，提升素质，树立形象，不断增强综合竞争力，才能适应各种变化。一要加强企业质量安全管理体系建设，落实项目总监理工程师质量安全六项规定，加强对项目的监理机构和监理人员的考核检查。二是要加大科技投入，提升监理技术含量，如BIM技术等，把现代科学技术、信息技术与传统管理结合起来，不断提高企业核心竞争力。三是要坚持原则、依法、依照强制性标准规范履行职责。我们曾经发现和了解过不少这方面事情，很多质量安全事故发生以后，追查责任时，发现监理企业早就发现了事故隐患，而且也提出来了，但提出后人家不听你的，建设单位、施工总包单位都不听你的，结果发生了事故，最终各打几大板，因为监理要负连带责任，有的甚至还判了刑。如杭州地铁、北京中央电视台火灾，几乎各打五十大板，施工、监理、勘察、设计大家都受处分。因此监理一定要坚持原则，一定要依法依规，按强制性标准履行职责，需要整改的必须整改，不整改的不能签字，不签字可以不承担责任，签了字就得承担责任。四是要加强宣传、培训、教育，全面提高监理人员的素质。经验交流会是很好的形式，希望各地监理协会、各行业监理协会都应加强教育培训和经验交流，努力提升监理行业整体素质。

以上讲的是老问题，现在谈点新情况。所谓新情况，如政府行政体制改革，要逐步取消行政审批、企业资质审批、人员资格管理等，有关部门已经开过会，可能要逐步取消。又如服务价格市场化问题，也包括监理行业。实事求是讲，监理行业本来就收入很低，多为弱小企业，价格一放开，加上市场供过于求，肯定对我们有影响。再如中办国办印发文件，要求行业协会、商会跟政府部门完全脱钩，具体办法和要求非常清楚，今年试点、明年推广等。这些新情况均是挑战，但不都是负面的，反过来说也是一种激励，事物往往会在逆境甚至是绝境中发展，困境会强迫你去思考、去改革、去适应和去发展，大浪淘沙，方显英雄本色。党的十八届三中全会旗帜鲜明地提出要发挥市场在资源配置中的决定性作用，其实质就是要完善市场经济。关于市场经济，亚当·斯密的国富论讲了很多，凯恩斯的货币通论讲了很多，现代经济学家讲了很多，如加以归纳、总结，我说可以用两个字加四个字进行概括，两个字就是“竞争”，四个字就是“优胜劣汰”，这是市场经济基本的、核心的内容。若把这种理论再进一步引申，跟自然现象联系在一起，我认为竞争和优胜劣汰不单是市场经济的基本规则，也是自然界的基本规则。人类社会发展到现在经历了一两百万年，如果没有竞争、没有优胜劣汰，生物就不能进化，社会就不能发展，自然界和人类社会发展的历史就是一部漫长的竞争和优胜劣汰的历史。现代社会和古代社会有根本的区别，古代社会的竞争与优胜劣汰是一种残酷的、野蛮的，是血淋淋的，是你死我活的。现代文明社会的竞争和优胜劣汰是文明的竞争，文明的优胜劣汰。文明的竞争、文明的优胜劣汰反映在两个方面。一是这种竞争和优胜劣汰是依法的竞争、公平的竞争、合理的竞争，有道德的竞争，是诚信的竞争。二是虽然依法竞争、强者生存，但要对老弱病残等弱势群体提供保护，这是现代文明非常重要的方面，要为他们提供基本生活保障，比如现在的养老保险、医疗保险、生育保险、最低生活保障等，都体现了对老弱病残的弱势群体的关心和帮助。计划经济为什么没有活力，为什么要把计划经济改成市场经济，就是因为计划经济没有竞争，没有优胜劣汰，它违背了自然的基本规律。计划经济实际上是一种垄断的经济，垄断客观上保护了落后。因此，凡是市场经济国家都有反垄断法。如果有一个企业实现全行业垄断的话，就要强行把它拆开。如美国当年的 TNT，政府认定它垄断，通过法令强行把 TNT 拆开了。大家都知道美国波音和麦道合并，航空业两家合并成一家，为什么要合并，是为了跟欧洲的空客竞争嘛。

1978 年改革开放后，提出了市场经济，很多行业都有了竞争，实现了优胜劣汰。大家注意到没有，凡是行业竞争比较充分，政府不垄断的，该行业就是比较健康的。典型的如纺织、轻工、家电、冶金、化工等产业，2000 年朱镕基当总理的时候，撤销了 10 个部委局，这 10 个部委局分管的业务，现在基本上都是比较健康的。凡是垄断的行业，要么是价格贵，要么是服务不好，电力、通信和石油行业就是例子。原油价格放开，我们原油价格和国际上是一样的，为什么我们国内成品油价格比国外贵，因为我们国家的炼油成本是韩国的 2 倍左右。通信行业也是这样，名义是中国电信、中国移动、中国联通三家，但都是国有股，一股独大，竞争是不充分的，电力也一样，就不细说了。30 多年的改革开放证明，凡是竞争充分的，不垄断的行业，它们的产品质量就越来越好，服务就越来越好。比如家电行业，大家记得平板电视液晶显示刚出来的时候，要一两万元，七八千元，现在越来越便宜，有的只一两千元了。说到家电，市场放开以后本来越来越健康，后来不知谁出了一个馊主意，叫家电下乡，家电下乡也要搞行政审批，由有关部门审批，批产品、批计划，造成劣质的、卖不出去的家电产品列入下乡目录，既坑害了老百姓又降低了行业信誉，大家意见很大。国有企业要发展，民营企业要发展，怎么发展，市场说了算，国有经济和民营经济一样通过市场竞争来选择，不能事先确定那个行业国有为主、那个行业民营为主，国有企业和民营企业应该站在同样的起跑线，同样的竞争、同样的准入门槛、同样的淘汰规则，谁生存谁被淘汰，市场说了算，老百姓说了算。

之所以说这些，就是让大家认清一个道理，不管是解决老问题还是新问题，出路只有一条，企业只有苦练内功，推进技术进步，树立品牌意识，增强综合服务能力，才能在竞争中立于不败之地。

三、关于监理行业的未来发展。监理行业的未来发展大家都很关心，也都做过研究考察。西方发达国家是怎么做的，怎样管的，大家都清楚。凡是比较好的，大多是综合性的工程管理咨询企业。综合性的咨询企业服务内容很多，包括项目前期策划、可行性分析、市场调研、决策论证、项目实施管理和后期（保修期）管理等。比如 FIDIC 咨询模式，这种管理模式遍及全球 60 多个国家和地区，在咨询行业就很有权威性。

虽然各国的情况不太一样，但项目综合咨询管理的理念都是一样的。比如说我国的香港和德国、英国、新加坡，基本的思路是一样的，都是用一种先进的理念、先进的技术来进行项目的全过程管理。在理念上比较先进，手段上比较科学，法律规章制度比较全面，特别是合同管理。他们企业的实力比较强，企业的技术实力和管理能力都很强。有的企业是招聘人员临时组合的队伍，但是组合的队伍往往是在勘察设计、施工监理等方面都很强的，整个团队技术非常强，因此能达到整个项目管理效率的最大化。我们现在的监理行业存在着很多问题和困难，跟国外的行业相比确实还有不小的差距，但是话又说回来，我国监理行业发展历史很短，是随着改革开放和建筑管理体制改革逐步建立起来的，还很不成熟。西方的市场经济走过了几百年的历史，已经很成熟了。因此我们需要不断完善，也需要不断学习和借鉴西方发达国家的工程管理经验，包括监理、工程咨询管理经验在内。实事求是地说，监理制度建立的初期，应该是好的，因为我们是由计划经济变成市场经济，工程质量怎么保证、工期怎么保证，投资怎么保证，不太放心，专门搞了个第三方，就是监理。监理当初的任务是三大职能，工程进度、项目投资、质量安全。大家都知道，国外很少有独立的监理企业，大多是综合性的咨询企业，包括勘察、设计、施工、监理在内的全过程的管理，我认为这是我们的发展方向，不单是我们监理行业的发展方向，也是整个建筑业的项目管理的发展方向。这种综合性的项目咨询管理的方法和理念值得我们学习和借鉴。

为什么国外很少有单独的监理企业，而是综合性工程咨询公司，我想肯定是有其客观必然性，有其合理的成分，是不是有两方面原由：一是单独搞监理，监理企业的人才也少、技术也差，在综合管理方面肯定不能跟总承包单位、总设计单位甚至建设单位相比，现在大的总承包单位、设计单位都是技术很强的，监理企业技术能力大多不是很强、人也不是很多，从哪一方面来说都很难跟这些单位相竞争、相抗衡。说得好听一点，没有话语权。为什么好多时候发现问题我们不敢坚持，因为我们说不过人家，人家比你强，人家不听你的，瞧不起你。还有一个很重要的问题：西方国家的综合项目管理与西方的市场经济相匹配。西方的工程项目都是民营企业，都是私人企业，私人企业搞项目建设它本身不懂，它选择一个有实力的综合性的项目管理企业帮它管理。

市场经济除了是竞争的经济外，还是诚信的经济。竞争是依法竞争、合理竞争，是一种文明的竞争，而不是那种野蛮社会的恶性竞争，这是一种能力的竞争，是一种诚信的竞争，依法的竞争。如果一个诚信的有实力的企业进行项目综合管理，建设单位肯定会相信它。为什么综合性的工程咨询企业发展不太理想，可能与经济结构有关。我们的工程项目还是国有的占不小的比例，国有的政府项目往往还是行政手段，习惯于政府干涉具体的事务，愿意把一个项目分包给很多单位，勘察、设计、施工、采购，等等，这样就可以指挥或者操纵这些企业，说得不好听，请客送礼的就多一点了。你们都要来找我，我不同意你啥事也办不成，什么企业都得找政府，跟我们政府职能、跟我们政府历史上留下来的计划经济的思想、计划经济的理念有关系。实际上国有项目、政府项目搞综合性的项目管理也是有利的。政府项目很多，管得很多，累得要命，还涉及反腐的问题，找一家综合性的企业进行项目管理，既节省了政府的精力，又提高了项目的整体综合效率。现在有些地方搞项目代建制，代建制也是一种项目的综合管理。

随着市场经济的逐步发展，随着政府职能的转变，特别是民营经济的发展，我相信，综合性的工程咨询业务会逐步发展起来。因此希望大家关心这个事情，研究这个问题，要积极努力地向这个方向发展，逐步向综合项目管理的方向发展。我们监理协会今年还专门列了一个课题，把工程监理与项目管理结合起来进行研究，提供一些思考，为大家提供一些好的经验。因此我希望咱们在座的企业，凡是有能力、有实力的企业，适应时代的发展，抓住这种机遇，通过重组、并购和资产资源优化配置等方式，逐步形成人力资源雄厚、技术优势明显、管理水平较高、核心竞争力强的综合性的咨询企业。其他中小型监理企业也可以通过努力创新，发挥自身某一方面优势，在某一专业方面做专、做精、做强。

总之，我们监理行业有很多问题需要去研究、去思考、去探索，只要我们监理行业的同志们共同努力，监理行业肯定会越来越发展，越来越好。

不妥之处欢迎批评指正。谢谢大家！

新常态下建设监理企业发展机遇与挑战

中国建设监理协会　修璐

党的十八大以来，尤其是十八届三中全会以后，我国已经进入了一个改革发展的新时期，正处在一个由旧规制、旧模式向新规制、新模式的转变过程中，正经历一个由旧体制下的平衡到改革中的不平衡，再到新体制下的再平衡的调整变化之中。这是一个不以人的意志为转移，不以建设监理企业喜好为选择的变革。我们没有能力去改变它，只有努力去适应它，并按照政策和发展规律去调整我们自己。这种新规制、新模式正在形成“新常态”。

一、什么是新常态?

新常态对于国家与行业来说就是根据国家和行业发展需要，国家逐步实施的对政治、经济和行业、企业发展具有重大影响和指导意义的新发展目标、政策规定和具体措施。这些政策与措施已经相对成熟和稳定，并将长期影响下去。

新常态在国家层面上主要体现在政治体制改革中，坚持群众路线，严格执行八项规定，反腐倡廉，坚决惩处违法违规行为，健全、完善防止腐败的机制建设已经成为党的建设中心任务之一，并要长期坚持下去。在管理体制改革中坚定推进行政管理体制改革，完善社会主义市场经济体制和机制建设，充分发挥市场在资源配置中的决定性作用。在经济体制改革中，坚持中高速发展速度（7%），不断调整经济和产业结构，完成具有战略意义的转型升级，实现高质量、低消耗、节能、环保的可持续发展战略目标。

新常态在建设监理行业管理层面上主要体现在国家全面推进工程咨询行业市场化发展进程在加快，实现市场配置资源的决定性作用力度在加大，各项改革配套政策和措施在逐步到位。具体表现在近期国家全面放开了工程咨询行业（包括监理行业）收费政府行政指导价格，实行市场调节价；

积极推进行政管理体制改革，大量取消行政审批事项（注册建筑师、规划师执业资格行政审批事项已经取消）简化和下放管理权限（广东试点）；为推进市场化进程，确保工程质量安全，住建部推行落实工程建设五方主体责任力度在加大，调整市场准入标准速度在加快；国家有关部门正在积极推进适应市场化管理模式的行业协会组织建设等方方面面。

无论是国家层面还是行业管理层面，新常态下政策变化和具体措施出台，都直接或间接影响了建设监理企业的生存与发展。综合分析，可以说在新常态下，建设监理行业发展遇到了新的绝好的历史机遇，同时传统的管理制度和企业发展思路也遇到了严峻的挑战。

二、新常态下建设监理行业发展面临的主要问题

在新常态下，建设监理行业与企业发展将面临新的挑战，需要调整发展思路和经营方式。努力适应国家对工程咨询业管理体制改革要求，从以政府行政管理为核心的行业管理制度转变到在政府指导、监督下的以市场为核心的社会管理制度上来。面临的主要问题分析如下：

1. 价格问题

近期国家全面放开了工程咨询业收费政府行政指导价格，实行市场调节价。实现市场在资源配置中的决定性作用，放开价格，实行市场调节价是必然规律，企业出现优胜劣汰是必然的趋势。新常态下，建设监理企业结构调整与重组已经开始；价格的市场调节将促进工程咨询和建设监理市场需求与供给趋于统一，实现企业服务能力和技术能力的优胜劣汰，在避免资源浪费和市场恶性竞争方面将起到积极推动作用；价格放开将促进服务内容与服务价值趋向统一，实现优质优价，将推动企业创新发展和技术进步。但是我们也必须注意到，短期内由于目前市场大环境改革不配套，不完善，市场各方主体法律意识、职业道德缺失，在过渡期可能还会出现恶性压价竞争、没有质量保证的低价中标等现象 。

2. 五方主体责任问题

住建部推行落实工程建设五方主体责任终身制管理制度，监理企业与总监理工程师责任压力加大。工程建设相关方主体责任落实有利于工程质量责任到位，对保证工程质量安全有积极的促进作用。同时落实建设方主体责任对监理企业市场发展有正面和积极的推动作用（非专业人士投资专业领域，必须聘用专业人员）。但是，由于法律法规建设滞后，社会法律环境、投资体制改革不到位，监理工作责、权、利很难实现统一，在实施中真正落实监理责任难度非常大，监理人员短期还会出现承担应该做但做不到的法律责任；监理责任的加大必然导致企业管理成本和管理人员费用的增加，企业经营负担加重。同时由于总监理工程师法律责任，尤其是刑事责任压力加大，导致部分总监流失的现象出现。

3. 强制性监理政策调整问题

随着工程建设市场化进程加快，市场化管理制度与环境逐步完善，工程质量五方主体责任逐步落实，为适应市场化运作要求，国家对保证工程质量的管理政策和措施必然要作出调整，工程建设强制性监理范围和政策调整也是必然的。在市场化的条件下，各方主体选择承担责任的方式也必然是市场化和多样化的，政府强制性监理范围政策调整和缩小范围将对传统依靠政府强制性政策生存的企业产生极大的影响。

4. 市场准入政策调整问题

国家对建设监理企业市场准入标准和执业资格管理制度改革是落实中央政府对工程咨询业市场化改革的主要内容和具体举措之一，将对企业经营与发展产生影响。在建设监理管理制度改革中，住建部正在开展建设监理企业资质标准修订和包括注册监理工程师执业资格在内的八个执业资格行政审批事项改革政策调整，目前正在征求意见。这将对监理市场建设、企业人员培养、业务调整和经营成本产生重大影响。

5. 行业协会组织建设问题

国家正在积极推进适应市场化的行业协会组织建设管理模式，行业协会组织建设结构和职能正在发生很大的变化。国家要求协会组织与主管部门脱钩，转变成真正的社会团体，并转变行业主管部门与协会组织工作关系，明确政府离退休人员在协

会工作条件，规范工作行为，各项政策要求正在逐步到位。如何组织建立能够同时承担起国家、社会公众利益和行业、企业利益的社会化协会组织是一个新课题，我国没有实践经验。这一变化将对行业和企业发展产生新的影响。

三、建设监理行业与企业发展机遇与挑战

建设监理行业是政策依赖型、市场依赖型行业。无论是国家层面还是行业层面，新常态下政策变化和具体措施出台，都将影响建设监理企业的生存与发展。综合分析，在新常态下，建设监理企业调整、升级发展遇到了新的绝好的历史机遇，同时传统的发展理念和发展模式也遇到了严峻的挑战。原有适应政府行政管理制度的行业和企业发展思路与做法受到挑战，必须作出相应的调整。以政府行政管理为核心的行业、企业和协会管理制度和相关政策与措施必须作出调整；在传统体制下建设监理企业习惯靠政府政策和行业、地方市场保护的发展思路必须作出调整；原有企业靠人脉关系，通过给利益、请客送礼等方式获取项目，靠出卖企业资质收取管理费，靠出卖个人执业资格、挂靠有资质企业的经营方式必须作出调整；企业重市场份额和现时收益，不注重工程质量安全、不重视创新和技术进步投入的思维方式必须作出调整；企业不努力提高自身法律意识，完善企业自身防风险制度建设，靠政府部门帮助规避企业经营风险和工程质量事故，出现问题找主管部门帮助协调，大事化小、小事化了的做法必须作出调整。同时为监理行业定位、企业转型升级提供了难得的历史机遇。将促进部分定位从事施工阶段监理工作的企业全面升级，部分有条件企业向工程咨询企业转型。

监理企业发展与经营思路要逐步调整到如何围绕市场需求，为市场雇主提供更多高品质、高质量服务，创造更多、更大经济价值与社会价值方面上来。企业经营思路要从吃“政策保障饭”转移到吃“市场价值饭”，从吃“投资饭”转移到吃“为顾主服务饭”方面向上来。要建立为市场多方雇主服务需求，提供各种性质、专业、技术、管理等有价值和超附加值服务的发展理念。有什么样的需求就努力设法提供什么样的服务，同时努力引导、培养市场需求。服务中技术水平、管理能力与创新是根本，价值是核心。

建设监理行业与企业发展已经进入新常态时期，面对新规制和新模式，企业需要勇敢面对并作出积极的调整。

在项目管理经验交流会上的总结发言

中国建设监理协会 王学军

同志们：

今天中国建设监理协会在长春召开工程项目管理经验交流会，协会领导高度重视，郭允冲会长到会并作了重要讲话，对监理行业在建设工程中发挥的作用给予肯定，对监理行业发展遇到和存在的问题进行了剖析，对监理行业的未来发展寄予厚望。副会长兼秘书长修璐同志，就监理企业在新常态下面临的机遇与挑战作了专题报告，深入分析了监理行业面临的发展机遇与需要解决的困难。会后要认真学习领会领导讲话精神，运用到实际工作中去。

如何拓宽监理业务？如何更好地发挥监理作用？这是行业协会和监理企业共同关注的事情。拓展监理业务范围，工程项目管理是一个发展方向。因为随着党和国家对公权力约束力加大、建设投资向基层延伸、专业机构建设项目增加、民营投资进入基础建设领域等因素，工程项目管理需求在不断增加。工程项目管理，可分为全过程项目管理、分阶段项目管理等形式，是以项目管理技术为基础，具有与项目管理相适应的组织机构、项目管理专业人员，通过提供项目管理服务，为业主创造价值并获取合理利润。有能力的监理企业，可将工程项目管理作为多种经营发展方向。

随着监理企业的发展，有一部分大中型监理企业已经具备了工程项目管理的能力。有的监理企业已经在做此项业务，积累了成熟的经验。这次会上，有 11 位专家或学者，分别介绍了他们在国内外建设项目管理的做法和 BIM 技术、信息化在项目管理中的应用、开展多元化发展的经验。因为时间关系，还有 20 家单位没有在会上交流。从交流材料看，大家分别就全过程项目管理、分阶段项目管理、项目管理含监理、监理与项目管理一体化等进行了介绍。大家普遍认为，项目管理是加强工程项目建设管理的发展趋势，也是有能力的监理企业经营发展的方向。监理与项目管理一体化服务是较理想的发展模式。并对推动和做好项目管理提出了意见和建议，如建议将政府和国有企业投资的项目管理费纳入工程概算；制订并完善项目管理的法规和管理办法；鼓励监理等工程咨询企业资质整合以提升项目管理企业实力等。这些建议，我们将适时向建设行政主管部门反映，稳步推进项目管理业务开展。应当说，这次项目管理交流会，顺应了市场经济条件下监理企业发展的需要，探索了监理企业未来经营发展的方向，拓宽了企业领导人经营的视野。会上，上海建设工程监理公司总经理龚花强，就监理企业如何应对监理费实行市场调节价，结合监理市场情况和监理成本费情况作了专题发言，提出了监理费三种计费方式，即按投资额费率计费、按建筑面积计费、按人工成本计费。按人工成本计费方式是监理取费的发展方向，值得大家借鉴。如何在主营监理业务的基础上开展工程项目管理业务，做好工程项目管理工作，需要我们共同结合市场环境和经验做法进行研究探索。借此机会介绍一下有关情况提几点希望，供大家参考。

一、全国监理行业概况

据统计，2014年底，全国共有监理企业7279家，从业人员941909人（含注册执业监理工程师137407人），业务承揽合同额2435.24亿元。与去年相比，监理各类资质企业增加了459家，从业人员增加5万余人，注册执业监理工程师增加10159人，业务承揽合同额增加12.23亿元。从企业、执业人员数量和业务承揽合同额看，均有不同程度增加，说明监理行业还处在稳定发展阶段。

从全国建筑领域看，目前国家还处在基础建设快速发展时期。李克强总理在政府工作报告中指出，今年中央拟投资4576亿元，重点投资保障安居工程、农业、重大水利、中西部铁路、节能环保、社会事业等领域。在石油、铁路、电信、资源开发、公用事业等领域，向非国有资本推出一批投资项目。因此，新建设项目还比较多。监理工作总体上做的是比较好的，随着社会发展、科技进步，建筑科技含量在提高，建筑的复杂程度在增加，监理企业服务能力基本上跟上了工程建设发展的需要，保障了工程质量安全。在技术创新方面，有的监理企业将现代互联网通信技术与监理工作融合，提高了监理科技含量；有的监理企业将BIM技术等应用于监理工作，提高了监理水平。科技与监理融合，是提高监理能力和水平的有效途径。

二、行业近期动态

1. 住房城乡建设部行政主管部门

一是为发挥监理在工程项目建设中的作用，在征求意见的基础上，将出台《关于进一步推进工程监理行业改革发展的若干意见》。进一步明确监理的定位、权利和责任，调整监理考试报名条件和注册有效期限，探索分级管理的可行性，加强动态监管，推进诚信建设，促进监理企业做优做强。对监理范围，将根据市场经济的需求进行规范调整，此项工作，部里已委托有关省进行调研。

二是2014年6月，制订下发了项目总监理工程师工程质量安全责任六项规定，明确了监理在工程建设中的质量安全责任。今年4月至11月，部组织对工程质量治理两年行动方案落实情况进行执法检查，每个省抽查六个在建工程项目，重点是学校、医院、商场、办公楼，要对总监理工程师等执业人员执行有关法律法规和工程建设强制性标准情况进行检查。

三是为加强监理企业资质管理，在征求意见的基础上，拟出台新的监理企业资质标准。总体上看，新的监理企业资质标准有利于监理企业的发展。

四是为扶持监理企业做优做强，选择了部分项目管理做得比较好的监理企业，指导做项目管理服务。这项工作政府主管部门正在推进中。

2. 中国建设监理协会

一是为贯彻落实住建部工程质量治理两年行动方案，去年11月在杭州召开了宣贯会议。会上，中国建设监理协会向全国监理企业和监理人员，发出了落实工程质量治理两年行动的倡议，并对项目总监理工程师提出了十条要求。全国监理协会秘书长会议，对落实总监理工程师质量安全六项规定进行了宣传，并提出“落实到企业、落实到项目”的要求。

二是为做好协会工作，3月17日，在北京召开了全国监理协会秘书长会议，对落实工程质量治理两年行动方案、配合做好监理管理制度改革、推进工程监理行业诚信建设、改进监理工程师注册和继续教育、加强行业理论研究、加大监理行业宣传等工作作出了安排。

三是为指导行业健康发展，经协会五届三次理事会审议通过，印发了《监理人员职业道德行为准则（试行）》，成立了监理行业专家委员会。专家委员会下设考试与教育、理论研究与技术进步、行业自律与法律咨询三个专家组，并分别确定了“非注册监理人员教育”、“房屋建筑工程项目监理机构及工作标准”、“项目综合咨询管理及监理行业发展方向”、“监理企业诚信规范”四个课题进行调研。

四是国家实行工程监理费市场调节价以来，为了引导监理行业健康发展，有的地方协会和行业专业委员会正在探索监理服务费市场化的应对办法。中国监理协会秘书处在调研的基础上，起草了《关于指导监理企业规范价格行为、维护市场秩序的通知》，经会长会议研究，已印发行业协会和行业专业委员会。通知要求，正确认识监理服务费市场化是市场经济发展的必然趋势，指导企业维护正常的监理价格市场秩序，发挥行业协会在稳定监理市场秩序中的作用。其中指导企业可根据市场供求、项目复杂程度、监理服务内容、工程质量要求、监理服务成本等因素确定企业服务价格。地方协会、行业专业委员会要建立监理服务费采集公布机制。可将近期成交的监理项目、服务内容、服务价格等信息或监理项目、监理人员价格等信息进行采集公布，向监理企业和社会提供监理费信息服务，引导监理企业公平竞争。中国监理协会将在地方探索采集公布价格信息的基础上，适时总结推广地方维护监理价格秩序的好的做法。

五是为加强监理执业人员管理，提高监理人员业务素质，规范协会为注册监理人员的服务，保障其正当权益，中国监理协会经会长会研究同意，将建立个人会员制度。此项工作正在推进中，拟在8月上旬召开全国监理协会秘书长会议，对建立个人会员制度相关工作进行研究。

六是为促进行业发展和配合行政主管部门在监理行业推行项目管理服务试点工作，今天在长春召开“项目管理经验交流会”。

七是为推进行业诚信建设，引导企业诚信经营，拟在今年四季度召开“监理企业诚信建设经验交流会”，这些工作，离不开你们的大力支持。

三、提几点希望

1. 正确认识监理行业发展和管理制度改革

国家推行监理制度二十多年来，监理在国家工程项目建设、保障工程质量安全中发挥了重要作用。如三峡水利工程，京津塘高速公路工程，北京亚运会、奥运会工程，上海园博会工程，高铁、城铁、电力工程等，保障了工程质量安全，社会对监理工作是肯定的。目前，国家还处在基础建设快速发展时期，保障工程质量安全，监理队伍是一支不可或缺的力量。监理企业资质和监理工程师资格保留行政审批，凸显了监理在工程项目建设中的重要性，政府推行建设工程项目五方责任主体，确立了监理在工程项目建设中的地位。因此，工程监理制度只会加强和完善。进一步发挥监理在工程项目建设中的作用，是政府建设主管部门和行业协会的共同责任。发挥市场在资源配置中的决定性作用，是市场经济发展的必然规律，监理管理制度要适应市场经济发展的需要，进行改革是必然趋势。正确把握了这一规律，就可沉着应对监理管理制度的改革举措，借势发展。监理管理制度变革，概括起来，涉及监理业务范围、监理服务取费方式、监理资质标准、监理人员资格条件、监理执业人员注册管理、注册人员继续教育方式等方面。希望监理企业和监理人员，正确认识和对待监理管理制度改革，维护好市场秩序，履行好监理职责，带头肩负起建设工程项目监理一方主体责任，多出让业主、政府、社会满意的工程。

2. 强化工程监理职责的发挥

积极参加工程质量治理两年行动，从为人民生命财产安全负责的高度，认真履行监理职责，尤其是项目总监理工程师质量安全六项规定，严格按照建设工程强制性标准规范实施监理，敢于坚持原则，发现质量安全隐患，要按照规定及时采取措施，严重的要向有关主管部门履行报告义务。有些质量安全事故，监理人员发现了，但没有及时要求施工企业整改或报告，被追究行政责任，有的甚至被追究刑事责任。因此一定要做到认真履职，公正执业，按规程处事。在加强监理作用发挥方面，各地有些好的做法，值得推广。如重庆大渡口区实行购买监理服务方式，对在建工程施工现场进行安全隐患巡查制度，减轻了监理人员现场安全责任压力；北京市实行混凝土搅拌站监理制度，使在建工程混凝土质量得到了保障。政府部门创新的这些监理工作方式，不仅拓展了监理业务范围，也强化了监理作用的发挥。

3. 重视诚信建设

党的十八届四中全会决定，全面推进依法治国，建设社会主义法治国家。真正成为法治国家，还需要我们共同长期努力。在法制不健全的现实社会环境中，诚实守信则是企业的生存发展之本，也是做人的基本原则。未来行业管理主要靠行业自律来管理，行业自律管理中诚信体系建设是行业组织的一项重要工作。有的同志讲，监理行业诚信建设要与建筑业各行业同步进行，不然会吃亏。有这种想法是客观的。但是，从监理行业现状看，特别是个别监理企业和人员确实存在不讲信用、不守诚信的问题。如有的企业不按照合同约定派遣监理人员，有的甚至搞签字监理等；有的监理人员不认真履行监理职责，有的甚至与施工、材料供应商串通损害业主的利益等。对这些不守信用甚至破坏监理行业信誉的做法和行为我们要坚决抵制。国家很重视社会诚信建设，提出了社会主义核心价值观，其中诚信是一个重要方面。李克强总理在政府工作报告中强调，加强社会信用信息共享机制建设，让守信者一路畅通，让失信者寸步难行。部里成立建筑业信用建设领导小组，积极推进建筑市场监管信息化与诚信体系建设，逐步形成“守信激励、失信惩戒”的建筑市场信用环境。我们行业协会要积极与建设行政主管部门沟通，借用各省、市建设行政主管部门建立的建筑市场监管与诚信建设一体化工作平台，推进监理行业诚信建设。行业协会不具有行政权力，但有指导行业健康发展的责任。如何加强行业诚信体系建设？应当建立诚信教育、制订行规或公约、职业道德规范、督促检查等制度。中国监理协会新一届领导集体高度重视行业诚信体系建设，2013 年制订了《建设监理行业自律公约（试行）》，2014 年制订了《监理人员职业道德行为准则（试行）》，成立了行业自律与法律咨询专家组，指导行业诚信工作的开展。今年拟对监理企业诚信行为作出规范。地方协会和行业专业委员会，要引导监理企业和监理人员严格执行与监理相关的法律法规和标准规范，认真执行行规公约，遵守职业道德，提供优质规范服务，维护本行业和企业利益，避免或杜绝恶性竞争和不诚信问题发生。对诚实守信的监理企业和监理人员，我们要利用报刊、网络等媒体进行宣传，弘扬正气，传递正能量，引导监理人员诚信执业和监理企业诚信经营。

4. 发挥企业自身优势，健康发展

建筑业管理制度改革和工程质量治理行动还在进行中，监理行业依然面临改革发展的机遇和困难，我们要正确面对监理行业管理制度改革，把握市场经济发展规律，做好应对监理制度改革工作。推进和加强行业、企业自律管理，提高市场诚信意识。企业要为业主创造价值实现自身价格，要依靠优质服务赢得市场份额和优等服务价格。每个企业都有属于自身的优势，有的坚持诚信、共赢理念，有的坚持品牌意识和科技创新思维，有的坚持“以人为本”、精细化管理等。这些都是企业经营的主要优势，各个企业的优势是在长期的发展过程中形成的，具有企业个性化特点。行业协会要加强宣传，引导企业增强和发挥自身优势，指导企业在市场经济中，拓展服务范围，开展多元化、差异化服务，引导有能力的监理企业开展监理与项目管理一体化经营服务，为它们走向国外监理市场搭建平台，促进它们做优做强。指导小型监理企业，在自身优势专业范围做专做精，创造自己的品牌，共同为国家建设保障工程质量安全作出贡献。

工程监理管理制度，围绕适应市场经济发展和进一步发挥监理作用，在不断改革、调整、完善。监理行业面临发展和变革、困难和机遇并存的挑战，我们要积极面对，努力提高企业综合素质，将不利因素转化为发展动力，确保监理职责的发挥，确保工程质量安全。

让我们共同努力，促进监理人员健康成长、推进监理事业健康发展！

代表发言摘要

编者按

在长春召开的“建设工程项目管理经验交流会”上，十一位代表分别作了交流发言，分享了企业面对价格放开形势而采取的应对措施、针对不同类型的项目管理提供服务的实践案例、外资与境外项目管理以及信息化系统和BIM技术在项目管理中的应用等各方面经验。

价格放开对监理行业的影响及应对措施

上海市建设工程监理有限公司董事长　龚花强

为贯彻落实党的十八届三中全会精神，按照国务院部署，充分发挥市场在资源配置中的决定性作用，国家发展改革委员会决定在已放开非政府投资及非政府委托的建设项目专业服务价格的基础上，全面放开以下实行政府指导价管理的建设项目专业服务价格，实行市场调节价。

上海市建设工程监理有限公司董事长龚花强客观分析了工程监理服务价格市场化对行业带来的影响，结合中建监协52号文，从协会提供服务，企业转变经营思路、拓展服务领域、提升服务价值等多角度探讨了行业和企业的应对措施。

工程项目管理（专案管理）服务的实践案例及借鉴

“台湾中央大学”营建管理研究所教授　谢定亚

“台湾中央大学”营建管理研究所教授谢定亚从政府工程、可行性研究阶段、规划设计阶段、招标决标阶段、施工督导与履约管理等五方面介绍了台湾工程项目管理技术服务的主要内容和方式方法，指出项目管理者要提供高效专业的技术咨询、审查及协助服务，制定前瞻策略与先驱意见，整合相关利害关系人成功推动计划，从而代理业主执行开发项目计划管理业务，为业主创造价值与获利。

外资与境外项目的项目管理

克力思咨询有限公司总经理　许杰

克力思咨询有限公司总经理许杰分享了公司在零售项目、酒店项目、办公室项目、大型购物中心项目、工业项目和国际项目上实施项目管理的案例，着重讲述了项目管理的服务内容和操作方法，对外资为何青睐项目管理从科学管理与盈利效果上作了回答。

BIM 技术融入项目建设“一砖一瓦”

重庆赛迪工程咨询有限公司董事长　冉鹏

在国家新一轮的十二五规划中明确提出“全面提高建筑行业信息化水平，重点推进建筑企业管理与核心业务信息化建设和专项信息技术的应用”，信息化、标准化、精细化成了未来建筑行业改革转型的新型关键词，而被称为信息化技术龙头的 BIM 则顺理成章地成了这场建筑革命的焦点。

重庆赛迪工程咨询有限公司董事长冉鹏以宜昌奥体项目为例，介绍了重庆赛迪以创新的“项目管理 + 工程监理 +BIM ”服务模式优化传统项目管理、克服施工监理中的缺陷，从而提高服务水平和工程质量。

海外工程项目管理案例

上海宝钢工程咨询有限公司总工程师　梁长忠

上海宝钢工程咨询有限公司总工程师梁长忠结合公司在越南某冷轧工程项目管理案例，归纳总结在海外项目的管理和监理中人员配备、组织机构设置、法律环境、发包模式及对专业人员配置需求等，从质量、投资、进度、安全和合同五管理角度就项目管理发展提出一些建议，以期引起业内及开展海外项目管理决策者的思考。

项目管理的实施策划

上海同济工程咨询有限公司董事长　杨卫东

工程项目策划是业主方项目管理的重要组成部分，包括项目决策策划、项目实施策划和项目运营策划。其中，项目实施策划是在决策策划的基础上完成的，其核心任务是解决如何组织项目的实施。

上海同济工程咨询有限公司董事长杨卫东以某银行总部大楼项目实施策划为例，从项目环境调查和分析、项目目标分析和再论证、项目组织结构策划、项目合同结构策划等方面阐述了项目实施策划的主要工作，旨在探讨项目实施策划在项目管理中的重要作用。

在 PMC+EPC 模式下建设工程项目监理问题探讨

山西诚正建设监理咨询有限公司新疆分公司经理　冯国宾

在 PMC、EPC 模式下，监理企业面临着新的机遇和挑战，正确确立工程监理在 PMC、EPC 模式下的定位，可以很好地履行工程监理的职责。

山西诚正建设监理咨询有限公司新疆分公司经理冯国宾以新疆某项目为例，分析了该项目在 PMC+EPC 模式下监理工作面临的一些问题，以及监理方从监理工作自身定位、质量管理、安全生产管理、进度和投资控制等方面的做法，从而更好地开展监理工作。

循业主之需轻松实现项目管理转型

江苏安厦工程项目管理有限公司总经理　翟春安

项目管理是一种科学的组织管理方式，更是科学的管理理念和方法，它有利于做到建管分开，有利于落实责任追究制度，有利于专业化管理，有利于提高投资绩效。

江苏安厦工程项目管理有限公司总经理翟春安介绍了公司如何从适应市场化发展趋势、满足业主需求做起，拓展项目管理合作模式，创新项目管理思维，实现企业项目管理转型，展现自身优势，从而赢得市场。

强强联合全面开展建设工程项目管理

武汉华胜工程建设科技有限公司副总经理　王炜

《关于大型工程监理单位创建工程项目管理企业的指导意见》中提出"鼓励创建单位与国际著名的工程咨询、管理企业合作与交流，提高业务水平，形成核心竞争力，创建自主品牌，参与国际竞争"，武汉华胜工程建设科技有限公司副总经理王炜分享了公司与美国高纬环球顾问咨询公司组成联合体模式开展全过程、全方位的项目管理服务的实践经验及体会，提出了当前国内推进项目管理工作开展的建议。

提升项目管理核心竞争力

广州宏达工程顾问有限公司董事长　黄沃

广州宏达工程顾问有限公司董事长黄沃介绍了公司为适应项目管理业务所建立的包含资质体系、服务体系、人力资源体系、管理体系、信息技术体系在内的全过程项目管理体系，并通过介绍顺德第一人民医院易地新建项目、科技场馆类项目、老挝万象峰会酒店等典型案例实践经验，提出监理企业发展项目管理建议以及行业推动项目管理发展建议。

工程监理企业有限多元化发展的实践

北京兴电国际工程管理有限公司副总经理　周竞天

随着建设市场日趋饱和，监理市场的竞争势必加剧，一些大型监理企业开始谋求多元化发展，但是考虑到监理企业的规模、自身特点及抵抗风险能力的不同，如何进行多元化发展来增强发展后劲和保持核心竞争力，如何进行企业资源分配、构建新型管理团队和企业文化建设，需要监理企业以科学的理念、开阔的视野、进行创造性的思考。

北京兴电国际工程管理有限公司副总经理周竞天分享了公司在体系文件、组织机构设置、人才建设和市场拓展等方面，发挥整体优势，加大创新力度，做大项目管理、造价咨询、招标代理，向有限多元化发展的经验与体会。

关于指导监理企业规范价格行为和自觉维护市场秩序的通知

中建监协［2015］52号

各省、自治区、直辖市建设监理协会，有关行业建设监理协会、专业委员会、分会：

根据《国家发展改革委关于进一步放开建设项目专业服务价格的通知》（发改价格〔2015〕299号）的要求，自2015年3月1日起，全面放开工程监理服务政府指导价，实行市场调节价。为保证工程监理服务质量，避免恶性竞争，维护工程监理和建设单位双方合法权益，促进工程监理行业健康发展，现将有关事项通知如下：

一、正确认识工程监理服务价格市场化改革

为贯彻落实党的十八大和十八届三中、四中全会精神，充分发挥市场在资源配置中的决定性作用，按照国务院的统一部署，国家发改委分批放开具有竞争性的商品和服务价格，包括工程监理服务实行市场调节价。价格改革是市场经济发展的必然结果，也是我国加入世界贸易组织承诺不断开放服务业市场的具体体现，广大工程监理企业要正确认识。面对工程监理服务价格市场化，企业要沉着应对，强化内部管理，创新驱动发展，提高综合实力，促进服务升级。

二、维护监理市场公平竞争秩序

全面放开监理服务政府指导价，为不同行业、地区的工程监理企业提供了平等竞争市场环境，工程监理企业要自觉遵守《价格法》等法律法规，规范价格行为，维护市场秩序。

（一）工程监理企业要解放思想，增强改革动力，遵循公平、合理、诚信的原则，依法依规开展监理服务。

（二）工程监理企业可根据市场供求、项目复杂程度、监理服务内容、人员配备要求、管理成本等因素，确定计费方式和服务价格。

（三）工程监理企业要通过公平竞争或价格协商等形式承揽监理业务，严禁以低于企业成本、减少服务内容、降低服务质量及阴阳合同等不正当手段恶性竞争，扰乱市场秩序。

（四）工程监理企业要加强企业和项目信息化管理，不断提高服务质量和监理人员综合素质，提高监理工作技术含量，围绕市场需求，提供多元化、差异化、专业化服务。

（五）工程监理企业应根据隶属关系将主要工程项目的概况、监理服务内容、人员配备情况及价格计算方式和合同价格等数据上报本地监理协会，监理专业委员会或监理分会，以便协会统计分析及发布相关信息。

（六）工程监理企业要积极落实住房城乡建设部工程质量治理两年行动方案，履行监理职责，执行总监理工程师质量安全“六项规定”，切实发挥监理作用。

三、发挥行业协会作用

（一）开展对工程监理服务价格市场化的指导与服务。行业协会作为政府与企业之间的桥梁和纽带，要积极发挥提供服务、反映诉求、规范行为的职能作用。当前，工程监理服务价格市场化，无论是建设单位还是监理企业，要形成成熟的议价市场，商洽出合理的服务价格，都需要一个过程，各协会要深入企业认真调研，为建立监理服务与市场价格相适应的规范有序的监理市场努力工作。

（二）建立工程监理服务价格收集和公布机制。各协会可收集公布近期成交的监理项目、服务内容、服务价格或监理项目、监理人员服务价格等，向社会提供工程监理服务价格信息。

（三）引导工程监理企业诚信经营。各协会要指导会员单位加强价格自律，诚信经营，依法依规参与市场竞争、合理配置资源，在保障企业可持续健康发展的成本基础上，制定合理的报价，避免刻意降低报价，恶性竞争。协会对刻意降低报价，扰乱正常市场秩序的企业，要给予警告，必要时按协会章程处理。

各协会要充分认识放开工程监理服务政府指导价的重要意义，把思想和行动统一到党中央和国务院的改革决策部署上来，加强对广大会员单位的服务和指导，抓好落实，共同促进建设工程监理事业健康发展。

中国建设监理协会

2015 年 7 月 7 日

全国监理协会秘书长工作会议在贵阳市召开

2015 年 8 月 5 日，中国建设监理协会在贵州省贵阳市召开了全国监理协会秘书长工作会议。中国建设监理协会会长郭允冲、贵州省住房城乡建设厅总工程师毛方益和监理处处长李泽晖及各地方和有关行业监理协会秘书长等 71 人参加了会议。本次会议的主要内容是：通报 2015 上半年协会工作情况；审议建立个人会员制度及《中国建设监理协会个人会员管理办法》、有关注册监理工程师继续教育等相关内容。会议由中国建设监理协会副会长兼秘书长修璐同志主持，郭允冲会长在会上作了重要讲话。

贵州省住房城乡建设厅毛方益总工程师作了会议致辞，王学军副会长通报了 2015 上半年协会在行业管理、服务会员、行业指导等方面的相关工作情况，并对即将开展的中国建设监理协会个人会员制度作了简要介绍。温健副秘书长对《中国建设监理协会个人会员管理办法（试行）》和《中国建设监理协会个人会员会费标准与缴费办法（试行）》进行了说明。

此次会议就建立个人会员制度及《中国建设监理协会个人会员管理办法（试行）》和《中国建设监理协会个人会员会费标准与缴纳办法（试行）》进行了热烈讨论。与会秘书长们对建立个人会员制度表示赞同，同时也提出了一些的意见和建议。

最后，修璐副会长作了会议总结，他强调此次会议的召开对个人会员制度的建立有着重大意义，集思广益发现问题，解决问题，建立的个人会员制度才能符合实际，个人会员的建立不仅仅为了解决继续教育收费问题，目的在于适应行业变化，服务行业，推动行业发展。秘书处会将大家的意见综合起来，系统地修改相关文件，解决矛盾点，力求出台的个人会员制度基本完善。

实施零缺陷系统工程管理的尝试

北京赛思科系统工程有限责任公司　刘学武
中船重工海鑫工程管理（北京）有限公司　栾继强　计儒时

摘　要：本文通过工程项目建设施工的实践，尝试应用零缺陷系统工程管理理念，聚集工程参建各方人员的智慧，相互协作和配合，在工程项目施工管理上取得了初步成效。
关键词：协作配合　制度建设　各负其责　务实管理

实施零缺陷系统工程管理，建设绿色、安全、廉洁、精品工程应该是工程建设管理者追寻和努力实现的目标。下面结合A研发楼等5项（中船重工北京昌平船舶科技产业园）工程的施工建设实例，谈谈工程项目建设在实施零缺陷系统工程管理上所进行的尝试。

一、工程项目基本情况

工程地点位于北京市昌平区中关村科技园昌平西区三期0208-72-1地块，总建筑面积49362.591m^2（其中地上35324.33m^2，地下14038.271m^2）。项目由五个单体建筑组成：A研发楼（101号、地上7层、地下2层）、B研发楼（102号、地上5层、地下1层）、办公楼（103号、地上6层、地下1层）、后勤服务楼（104号、地上9层、地下1层）和门卫房（105号）。结构形式为框架结构、筏板基础。

工程自2013年9月开始进行施工建设。目前正在进行工程室内外装饰及场区管网、景观施工。预计2015年7月竣工投入使用。

二、从项目筹建工作入手，明确工程项目建设管理目标

实施零缺陷系统工程管理不应仅仅只是工程建设者头脑中的构想，更应该成为所有工程项目实施参与者共同的信念。“第一次将正确的事情做正确”。只有参与工程建设的各方管理者形成高度共识，在各自的管理岗位上各负其责，积极认真地按照工程建设程序和规范要求不断地进行控制和把关才能够最终实现。

为此，建设方将决策阶段“零缺陷系统工程管理”的构想，转变成工程项目实施的行动。从筹建工作起，拟定了《零缺陷系统工程管理实施纲要》，对各参建方主体责任和配合工作进行了规划和要求。把工程项目相互联系的要素组成有机的整体（系统工程），聚各团体集体的力量群策群力（并行工程），在全面考量建筑产品的全寿命周期成本与功能

关系（价值工程）的基础上，明确工程项目建设管理目标。对工程项目进行全面规划、统筹安排，理顺建设工作程序，在安排工程建设各项工作的同时，认真分析工程建设的各个阶段和每项具体工作可能会给工程项目带来的不利后果，并列出可能出现的质量安全问题清单，提前制定出相应对策，从而避免可能出现的问题发生。

三、工程项目设计图纸的完善

工程项目建设前期的工作千头万绪，工作的内容很多，都很重要。可就工程项目建设的重要性而言，工程项目施工图纸的设计工作更为突出。要想实现零缺陷的系统工程管理目标，作为系统工程应涵盖工程项目建设的所有内容、所有过程。所以工程项目必须从实施的设计阶段就进入系统工程管理的轨道。这就不仅需要建设者为工程设计人员提供尽可能详细的设计任务书，把项目建设的功能要求列说清楚，还需要工程设计者从工程项目方案设计开始，按照建设者设计意见书功能要求、设计规范和建设法律法规，在工程设计的各个阶段，应用价值工程的基本原理对设计进行多方案的比对，经过建设和设计人员的反复研讨，进行不断地修改和完善，使经设计各专业人员会签下发的施工图纸尽善尽美。

四、选择精干、务实、敬业的施工项目管理班子

工程项目不仅需要由符合资质要求具有良好施工业绩的施工企业来承建，更需要由有经验丰富、务实敬业的项目管理班子在施工现场来落实。因此在中船重工工程项目的招标文件中对施工技术文件编制进行了详细的要求，明确了本工程项目的建设施工管理目标，强调了适应本工程项目特点的各项施工措施的针对性，增加了对项目施工管理机构人员配备情况的要求和对项目经理自身履历和实践的信誉度考评。在项目开标时，针对施工项目经理论述项目施工组织的答辩，特别注重项目经理的工作阅历、专业知识，对本工程项目熟悉和了解的深度，各项针对性技术措施落实的解答情况，把项目经理综合素质的了解放在突出的位置上进行评审。

五、建章、细化管理责任，制定管理制度

A研发楼等5项（中船重工北京昌平船舶科技产业园）工程项目开工建设伊始，工程建设方将拟定的《零缺陷系统工程管理实施纲要》下发。《零缺陷系统工程管理实施纲要》从系统工程的角度出发，把先进的管理理念与工程项目有机结合，要求“各参建单位动员和要求所有参建人员自觉地参与工程项目零缺陷系统工程管理”，“对工作的极端的负责任，精益求精”，“第一次将正确的事情做正确”。在工程实践中要充分发挥自己的聪明才智，通过制定完善的管理制度，以自己不懈的努力和细致入微的管理工作、密切配合和高度负责的工作态度，在实现工程项目合同目标的同时，建设绿色、安全、廉洁、精品工程。

同时，为了落实《实施纲要》要求，建设方还组织参建各方相关人员共同商讨制定了工程《质量、安全、合同管理处罚/奖励细则》，共计4章79条。《细则》从工程项目建设施工质量、施工安全、施工进度、合同管理、绿色文明施工、施工资料报审、施工中出现问题解决的时效等方面，对违规处罚和奖励进行了细致的规定和要求。通过《实施纲要》和《细则》的制定，最大限度地统一了工程参建各方人员在项目施工管理上的认知和共识，使工程项目完成预定目标在制度上有章可循、有规可依，为工程项目遵规守律施工奠定了基础。

六、项目施工建设中的务实管理

在工程项目第一次工地会议上，建设方项目管理者向参建各方的与会人员明确提出，工程项目在建设过程中“实施零缺陷系统工程管理”。倡导工程建设各方“统一思想、形成共识、落实责任、相互配合，以工作质量保证工序质量，以工序质量保证产品质量，以全体参建人员自觉、有效地努力工作，建设绿色、廉洁、安全、精品工程”。中船重工工程在项目施工总承包合同中没有创优要求，但“实施零缺陷系统工程管理，建设无悔工程”却是工程所有参建人员的共识。要求各参建方结合各自在工程项目建设过程中的职责，在其他相关方的配合下，制定和落实工程项目各项管理保证措施。

（一）工程参建各方管理举措概要

1. 施工方的举措和管理

（1）工程项目施工组织设计和各专项方案与工程项目有机结合，工程特点、难点明确，措施落实针对性强。

（2）各专业施工技术、质量、安全交底详细具体，对可能出现和发生的问题有超前意识，想到并提前预防落实到位。

（3）应用网络计划技术编制工程项目施工计划，判明关键工作，并进行工期、成本和资源的优化。同时，工程建设中不断地对施工计划进行纠偏，使工程施工始终在可控状态下按照计划进行推进。

（4）工程项目施工质量保证体系正常运转，层层高度负责，分口严格把关。

（5）工程项目施工安全保障体系执行到位，坚持不违章指挥、不违规操作，为工程施工顺利进行保驾护航。

（6）工程项目施工执行建设工程施工合同约定，严格按照国家和北京市建筑工程施工规范、规程和政府相关法令进行施工。

（7）项目施工行之有效的工程质量"三检制"在项目施工中认真执行和落实。

（8）工程项目施工中贯彻和落实工程质量"样板引路"制度。

（9）工程项目施工严把进场材料质量关，材料资料手续齐全，经验收或送检复试合格后进行使用。

（10）工程项目施工中严格执行施工质量报验程序，经自检合格后报工程监理检查验收。

（11）各专业施工作业班组执行班前安全教育和下班质量检查制度。

（12）注重时效，对施工中发现的质量、安全问题及时进行处理。

2. 监理方的监督和管控

（1）组织监理部全体成员认真学习和熟悉施工图纸与其他施工文件，掌握工程项目本专业的难点和监督重点。

（2）认真审核施工方报送的施工组织设计、专项施工方案，依据法律法规对报送文件不足之处提出建设性意见。

（3）根据工程图纸和施工方报送的施工组织设计，结合项目特点编写监理规划和专业监理实施细则。专业监理细则要体现本专业施工质量控制和施工安全控制的针对性。

（4）工程施工质量和安全事前控制，对下一步预施工工序注意事项提前想到，以工作联系单形式提醒施工方予以重视。

（5）工程项目《监理例会》上，监理除了讲述施工进度完成情况外，要对质量、安全发现的问题认真进行分析，让施工方引以为戒，举一反三。

（6）定期召开工程质量、安全专题会议，总结经验、借鉴不足，不断提高施工作业人员的管理水平。

（7）要求专业监理工程师加强施工现场巡视，采用质量、安全巡检通知形式，发现问题及时下达指令，要求及时进行整改回复，把质量、安全问题消灭在萌芽状态。

（8）对工程隐检部位全程进行跟踪旁站，及时检查验收，不留返工活。

（9）组织参建各方人员每周分别进行工程项目施工质量和安全联合检查，督促施工方按规范、规程要求进行施工。

（10）定期组织召开工程质量、安全分析会，总结经验、查找不足。

（11）配合施工方进行工程项目施工主要原材料、设备和检测单位的考察。

（12）严格执行《质量、安全、合同管理处罚 / 奖励细则》的相关条款，对工程施工质量、施工安全违规行为进行处罚。

（13）定期向建设单位报告工程项目施工质量、施工安全情况。

3. 设计方的配合和服务

（1）认真落实设计任务书的各项功能要求，精心绘制施工图纸，保证工程建设需要。

（2）施工图纸出图前，各专业图纸进行详细的比对和审查，尽量避免图纸之间错、漏、碰、缺。

（3）应用建筑模型（BIM）技术对工程项目施工图纸进行优化，使复杂的问题简单化。

（4）认真学习和及时更新相关设计规范标准知识，严格落实国家设计规范和北京市建筑业各项标准要求，使施工图纸符合时代发展的需要。

（5）认真对施工方进行设计交底，把设计的整体意图、工程项目的难点和施工需要注意的事项进行整理下发。

（6）工程施工建设时，每周委派专人去施工现场，帮助解决施工中遇到的问题。

（7）根据建设单位的要求，及时编制和下发工程设计变更文件。

（8）参与工程地基与基础和主体结构验收，配合施工单位推广和应用施工新技术。

4. 建设方的支持和掌控

（1）要求各参建方严格执行法律法规，执行现行国家施工规范和标准，执行北京市政府及建筑施工行业管理的各项规定。

（2）支持和配合施工方履行工程项目施工总承包合同，为施工单位顺利完成施工任务创造条件。

（3）按照合同约定参与和掌控项目施工主要材料供应商和检测单位的选定。

（4）要求和支持监理单位对施工项目部施工全过程进行严格管控，把好施工质量和施工安全关。

（5）对施工方提出的需要解决的事项，及时与相关方进行联系和沟通，并尽快落实和解决。

（6）参与工程监理部组织的周质量和安全检查，帮助和推进项目施工绿色、文明规范化管理工作。

（7）督促工程监理单位严格执行《质量、安全、合同管理处罚/奖励细则》的各项规定，罚奖分明，树立项目施工的正气。

（8）严肃纪律，禁止与工程有关的请客吃饭。工程参建其他单位在施工项目部吃饭人员采取刷卡就餐、统一付费管理。

（9）除参加每周工程监理组织的例会外，每月组织一次工程项目施工沟通协调会，协商和处理项目建设中发生的各类问题。

（二）工程建设过程中各项举措的落实和周期

1. 周一，工程项目监理例会。例会上除检查上次例会提出问题落实情况，介绍上周工作完成情况和对下周工作进行安排外，重点是对上周项目施工计划完成过程中遇到的问题进行分析，找出影响工程顺利完成的安全、质量等方面存在的问题并加以解决，以保证下周安排的工作正常有序地进行。

2. 周二，工程项目专题会议。针对工程项目建设过程中出现的问题和下一步施工可能出现的情况召开专题会议，总结和研讨制定详细地应对措施，防微杜渐或提前预控。

3. 周三，工程项目设计人员到施工现场。工程设计人员根据工程项目建设实施情况，提出项目建设施工注意事项，协助施工项目部解决施工中遇到的设计图纸问题。

4. 周四，工程项目安全生产、文明绿色施工联合检查。工程项目监理部依据北京市《建设工程施工现场安全防护、场容卫生及消防保卫标准》，组织工程参建各方人员对施工项目安全生产、文明绿色施工进行全面检查。

5. 周五，工程项目施工质量联合检查。工程项目监理部依据国家施工验收

规范和北京市建筑工程施工规程，组织工程参建各方人员对工程项目施工质量进行全面检查。

6. 周六，工程项目监理部对周四安全生产、文明绿色施工联合检查存在问题整改情况进行复查。

7. 周日，工程项目监理部对周五工程项目施工质量存在问题整改情况进行复查。

（三）工程施工质量和施工安全监控的其他举措

1. 施工方的贯彻落实举措

（1）施工项目部成立贯彻零缺陷系统工程管理组织机构，项目经理亲自挂帅负责，每周三召开专题会议总结和解决施工中遇到的问题，确保工程项目质量保证机构和工程项目施工安全保障机构正常运转。

（2）施工项目部细化工程项目施工各环节管理的运行机制，制定、完善和落实各项管理制度，把施工中可能出现和发生的情况提前进行预控，对已出现和发生的问题及时进行处理，并进行总结、举一反三，杜绝再次发生。

（3）施工项目部制定严格的奖罚措施，各专业分包单位、各施工作业班组严格执行施工规程和各项管理制度，按法规要求进行施工，对违规行为依照相关制度规定给予严格处罚。

2. 监理方的监控要求举措

（1）工程监理部除进行正常的监理工作外，每位监理人员都随身携带《安全质量巡检通知单》。在进行工程项目巡视检查过程中，发现问题及时手写下达书面指令，指明存在的问题和整改要求时限，使问题在初始和萌芽状态中及时得到纠正和整改。

（2）在项目施工建设过程中，工程监理部认真执行工程项目各参建方共同制定的《质量、安全、合同管理处罚/奖励细则》，对施工违规行为进行严格的处罚。截止到目前，共进行违规处罚36次，罚款金额2.6万元；表彰奖励12次，金额1.2万元。

3. 设计方的配合服务举措

由于工程项目功能的多样性，专业管线布设相对复杂，而建筑物的空间高度有限。为了妥善解决好这一课题，设计专业人员应用建筑模型（BIM）技术对专业管线布设系统进行了综合排列，并到施工项目现场向施工安装专业人员进行详细的技术交底，有效地解决了这一关系到建筑使用功能的技术难题。

4. 建设方的掌控、支持举措

工程项目管理部除参加监理部定期召开的工程监理例会外，还积极参与监理部组织的工程项目施工质量和安全生产、文明绿色施工联合检查。同时，坚决支持监理部依据工程《质量、安全、合同管理处罚/奖励细则》对施工作业人员违规施工进行的处罚。

七、初见成效

零缺陷系统工程管理在中船重工项目建设中的实践，使工程项目施工各方面的管理工作井然有序，在北京市和昌平区上级行业主管部门的多次对工程项目的工程质量、施工安全、建筑节能、绿色环保检查中，工程项目施工的管理工作和成效得到了相关检查部门的高度认可。工程项目被评为2014年度北京市建筑（结构）长城杯金质奖，2014年度北京市绿色安全工地。

这些成绩和荣誉的取得是工程项目参建各方共同努力付出的结果，更是和施工方在施工过程中遵规守纪、严密细致的管理工作及施工作业人员精益求精、追求完美的工作态度分不开的。这里也凝聚着工程监理人员严格按照规范要求进行监督把关、认真执行参建各方共同拟定的《质量、安全、合同管理处罚/奖励细则》的条款，奖优罚劣，为工程项目施工保驾护航付出的辛劳。虽然项目施工总承包合同中没有约定工程质量创优目标和施工安全管理目标，可由于在项目施工中坚持了零缺陷系统工程的精细化管理，收获到认可和表彰应该是必然的。

结束语

实施零缺陷系统工程管理是中国航天人工作的宗旨，也可以成为促进建筑行业工程项目管理工作跃向更高台阶的方向。工程项目作为系统工程，“第一次将正确的事情做正确”需要参建各方人员共同努力，进行更加深入的探索，不断完善和提高工程项目的各项管理工作，把零缺陷系统工程的精细化管理理念变成实际的行动，工程建设项目实现零缺陷也将成为必然。

参考文献

[1] 刘小艳.业主方全过程质量管理研究[D].长沙：中南大学硕士学位论文，2012.

[2] 邱菀华.现代项目管理学（第三版）[M].北京：科学出版社，2013.

[3] 邹煜良.寿命成本控制下的价值工程在阶段的应用[J].建筑经济，2009（6）：11-14.

[4] 王新哲.用零缺陷系统工程管理理念制定工程质量管理规定[J].西北工业大学学报（社会出版社），2013，33（4）：61-65.

[5] 毛泽东.纪念白求恩.1939.

上海迪士尼项目中美管理理念的分析与启示

上海建科工程项目管理有限公司　成晟

摘　要：基于上海迪士尼项目，分析美方项目管理的特点，分别从市场体系、对参见单位的管理、管理工具等方面分析我国项目管理与美方的项目管理的不同点；基于对不同点的分析，以项目管理从业者的角度，从现阶段市场发展、行业改革的方向提出我国项目管理的发展及改进的方向。

关键词：建设工程　项目管理　管理理念　中美方

一、概述

本文的研究基于上海迪士尼项目（以下简称"迪士尼"）的美方管理模式。迪士尼项目是中国第二个、亚洲第三个、世界第六个迪士尼主题公园，迪士尼向来是全球建造成本最高的主题乐园之一。上海迪士尼度假区位于上海国际旅游度假区核心区，占地面积约 3.9km^2，包括迪士尼主题乐园，主题化的酒店、零售、餐饮、娱乐、停车场等配套设施，以及中心湖、围场河和公共交通枢纽等公共设施。

迪士尼项目核心是主题演绎。以创意、以 show 为主。与一般传统的建筑项目不同，迪士尼主题乐园建筑的一大特点是建筑的非标性、异型性、创意性。迪士尼乐园项目是美方品牌，是以美方投资和管理为主，按国际标准投资建设的大型项目。

本文基于上海迪士尼项目美方管理方法，分析中美项目管理的不同点，从而提出我国项目管理发展方向的思考。

二、中美项目管理理念分析

工程建设及包含其中的管理活动是人类自古以来的生产实践活动，它贯穿人类社会、经济的发展历史。建设项目管理真正形成一门学科是在第二次世界大战之后。第二次世界大战以后，欧美各国加快了经济发展速度，需要建设许多大型和巨型工程，如大型水利水电工程、大型钢铁联合企业、大型化工企业、技术复杂，建设风险大，迫使项目建设参与者更加重视工程项目建设的管理，必须引入科学、系统的管理方法，于是建设项目管理作为一门学科最先在欧美各国被客观地提了出来。

我国从 20 世纪 70 年代末引进国外的项目管理理念，并在改革开放的过程中结合中国的建设管理体制和建设管理实践进行了系统的理论研究和实践探索，现处于不断发展和完善的阶段。

中美项目管理的起步不同，发展历程不同，形成的项目管理体系也不同。中美双方在项目管理理念、管理实践及管理方法等方面存在差异。

1. 管理依据不同

在美国，由于总体市场化程度很高，而且在建筑市场领域已经形成了非常成熟的"自我约束"体系，通常是一方面采用合同来明确责任，一方面通过工程保险、工程担保等方式来规避和转移工程中的管控风险。美国的建设项目的监管体系是一种"合约 + 保险"的契约型的"自监管"体系。

在此体系下，上海迪士尼项目管理单位一方面是对于可能出现的风险进行识别，采用共同分担风险原则，通过合同条款对可能的风险进行管控。另一方面，要求工程参与各方对所承担的工程向保险公司投保工程保险，以减轻与工程建设有关的各方的损失负担，提高损失控制效率，并在损失发生后能得到及时的补偿，使得项目实施能稳定地进行，保证项目的进度和质量，降低总的工程费用。在此过程中，保险公司从防范自身市场风险的角度考虑，也会组织专业力量，积极主动地参与工程项目中风险的控制，对工程可能出现的风险进行监管，从而提高工程质量。

而我国是发展中国家，整体的市场经济成熟度不高，特别是对于建筑行业这个“高风险”领域，在目前行业快速发展的阶段，暂时还无法按照国外这种契约型“自监管”的思路去宏观把控。由于政府管理具有较大的权威性、严肃性，而且可采用的管理手段又是最全面的，因此在建设领域，我们是一方面在项目内部构建合约关系，然后在外部，又建立了一个问责型的全面强大的政府行政监管体系。

美国更注重各方的合约条款的约定，管理的基础是基于合同，而我国往往是合同约定是一方面，实际管理还是根据项目管理团队的管理经验和管理习惯，以及政府管理体系的监督。而且在中国为了规避政府的相关规定，经常会出现阴阳合同的情况，导致实际项目出现问题时，双方的职责约定不明、依据不足等情况。

2. 对设计创意认知不同

迪士尼的产品主要包括游乐项目和主题表演项目，有些项目有别于工业产品（根据已经开发好的产品进行生产就可以投入使用），而是从创意、概念发展、开发到建成使用的一个动态过程。迪士尼的许多项目，虽然施工合同对于项目的关键节点（包括过程中节点和竣工节点）已经明确，但基于项目的复杂性，美方对于动态过程中出现因设计创意性的变化而导致进度的滞后完全接受，极大程度上体现了迪士尼项目对设计创意性的要求高于对进度计划的要求，建成使用并没有严格的时间节点。

但对于中国政府而言，迪士尼规定第一期要在2015年开园迎客，政府在对项目的进度考核和监管的过程中也是以计划节点为依据的，而不管设计创作时间、创作更改时间等。

在迪士尼项目中，美国的管理团队更尊重设计团队创意、概念的落实，而中方的管理团队往往会因为领导的要求、政治任务的压迫，要求设计团队更改设计、压缩设计时间等，完全不尊重设计师的创意，这也是导致我国设计师无奈和畸形的原因之一。

3. 设计与施工的延续性不同

美国项目管理最主要的依据是FIDIC合同条件，FIDIC强调工程师的作用，提倡对工程师进行充分授权，使其能够独立而公正地工作。在使用FIDIC合同条件的通常情况下，工程师在正式施工之前，他作为业主的代理人负责工程的设计工作。通过参与设计这一过程，工程师比合同任何一方都更加熟知工程的有关细节，因此在工程变动、工程量的增加和删减方面能够作出快速而准确的决定。

我国设计和现场管理是分开的，即设计团队主要负责项目设计工作，现场管理主要依靠工程监理工程师。我国监理制度实行已有20多年的历史，该制度主要以FIDIC条款作为主要参照对象，并以国际惯例为基本理论，同时结合我国国情形成。我国的总监理工程师也称为“工程师”，但是在基于FIDIC合同机制的中国建设监理制度下，中国的监理工程师不参与工程的设计工作，设计工作是由独立的设计单位来完成的，且同时必须得到政府有关主管部门的批准。我国的监理工程师很难像FIDIC合同中的工程师那样参与工程的设计，对工程的设计过程中的原因变更等了如指掌，监理工程师只是在现场施工后开始介入项目，完全是通过对图纸的阅读来了解项目，不了解图纸演变的过程，这在一定程度上会影响监理工程师决策的正确性和作用的发挥。

4. 管理工具不同

国外大型项目均采用工程管理软件进行科学管理，迪士尼项目也不例外，采用自主开发的PMCS系统进行管理，通过计算机系统实现管理业务流程的电子化、格式的标准化和文档信息的集中化，通过不同的功能模块实现对投资、进度、质量、采购、人力资源、风险、文档等方面管理和沟通协调的信息化，提高管理的效率。国外通过线上的信息系统进行审批，在此过程中形成的设计、施工等文件可以作为法律认可的文件，并作为竣工验收的依据。

虽然对于国内大型项目而言，虽然往往也会开发一个线上的信息系统管理平台，管理平台可以在线上实现对设计、施工、监理等文件的审批，但到目前为止，中方的法律对于电子化的文件还没有明确的认可，政府部门在监管过程中仅以带签章的纸质版文本为有效文件，且工程项目在最终的竣工验收和资料档案归档时必须采用有签章的纸质版文件，导致很多项目即使线上有一套完整的资料，现场仍需一套纸质版资料。

在中国许多项目上也会开发一系列的项目管理平台，但是由于市场对电子文件的认可度不明确，导致项目部大部分还是会以纸质文件为主，这就限制了国内管理软件的开发利用率，不利于项目管理工具手段的提升。

三、我国项目管理发展方向的思考

1. 改善政府监管体系，运用市场规范市场

政府的作用是建立有效、公平的建筑市场，提高行业服务质量和促进建筑生产活动的安全和健康，以推进整个行业的良性发展；对建筑业参与者的管理通过政府引导、法律规范、市场调节、行业自律、专家组织辅助管理实现。目前，我国政府是通过运用经济手段和法律手段来约束企业行为，运用法律制度结合市场来配置资源。

建议我国政府应该逐渐改变监管方式，充分借助市场的力量，采用机制型的监管方式，运用市场来规范市场，做到该管的地方严格监管，能依靠市场管的地方放手让市场力量去监管。迫使项目管理团队更加重视合约关系，完善市场的保险机制。

保险一方面可以分散风险和转移风险，另一方面也为工程的质量和安全多设置了一道监督屏障，因为风险无处不在。市场经济必须以信用为前提，履约保函是信用的一种体现、一种载体，也是对不讲信用的一种制约。

2. 尊重从业者的专业素养

在美国，项目管理的权利和责任并存。一般建设项目，业主会全权委托给专业中介机构负责管理，业主的管理权利是完全下放给项目管理团队。采用的是项目经理责任制，业主不会无故干涉项目经理的管理工作。而在我国，业主可能是各种行业的从业者，并非是专业的建设管理人员，建设过程中一般也会聘请项目管理团队，但是业主对项目的干涉较大，而且很多是非专业的要求，会影响专业管理团队的工作开展。

在美国，不管是业主还是项目管理团队，在与设计师充分沟通后，会尊重设计师的设计成果。各方会为了完成设计理念而共同努力。而在我国设计师更多的时候是为了迎合业主或领导的要求，随意更改设计成果，完全体现不出设计师应有的创意成果。

FIDIC合同条件中工程师比我国监理工程师的职责要大很多，在美方的项目管理理念下，技术决策应该尊重工程师的建议。而我国监理工程师首先是管理阶段畸形，仅仅是施工阶段的项目管理，没有很好的延续性；其次由于监理行业的从业人员的专业素质有限，管理水平有待加强。

我国的建筑市场中，应充分尊重行业从业者的专业性，放手让专业人员干专业事。首先是从政府层面、业主层面减少对设计师、工程师的干涉和限制；同时要求我国的设计师和监理工程师提高自己的专业能力，并在一定的程度上坚持设计、管理理念。

3. 改善管理工具，提高项目管理效率

在迪士尼项目中，大量采用信息化手段进行管理，电子图纸、电子文档、电子审核单甚至电子合同等都成为项目建设不可或缺的手段。我国的建筑行业应改变传统的纸质文件盖章、签字的观念，更好地提高建筑行业的管理效率，推崇绿色、低碳的管理理念。这就要求从政府层面开始认可电子化的文件，同时鼓励市场开发先进的管理工具，提高项目管理效率，以适应信息化时代的要求。

建筑工程监理方质量控制分析

宁波高专建设监理有限公司 林卫华 李永科

摘 要：本文侧重对建筑工程监理方质量问题预防控制管理进行研究，阐述了建筑工程监理方质量问题预控管理的相关原理，结合工程实例指出了当前建筑工程质量控制管理中存在的问题，论述了建筑工程监理方质量预防控制管理的方法。针对施工阶段提出了监理方质量预防控制管理的工作重点，较好地解决了目前建筑工程建设中存在的一些问题。结合某建筑工程实例，论述了建筑工程监理方质量预防控制方案，改进建筑工程项目监理方质量问题预防体制，以确保建筑工程质量。

关键词：建筑工程 监理 质量预防控制管理 分析

一、概述

建筑工程质量控制是建筑工程项目监理的一个重要内容。监理工程师在建筑工程质量控制管理中所发挥的作用和职能进一步深化，也给监理工程师在建筑工程质量控制管理方面提出了更高的要求。如何预防和减少建筑工程质量问题和质量事故是监理工程师面临的首要任务。通过对某人民医院工程质量问题和质量事故预防控制的具体案例分析，提出预防和减少建筑工程质量问题和质量事故的措施，对监理工程师的实际工作具有重要意义。

1. 建筑工程监理方质量预控管理的目的

监理工程师代表业主管理工程，其特殊的地位要求监理工程师必须具备预防控制建筑工程质量问题和工程质量事故能力，以保障建筑工程质量，为业主提供优质高效的服务。

2. 本文的研究方法和研究重点

本文将通过监理工程师对建筑工程质量预控管理主要内容、主要方法的阐述，提出监理工程师有效的预控措施。监理工程师在施工前应结合建筑工程本身具体特点，针对建筑工程质量问题设置预防控制要点；在实际的建筑工程中如何运用具体方法预防控制建筑工程质量问题和质量事故的发生是研究的重点。

二、建筑工程监理方质量预控管理

1. 建筑工程监理方质量预控管理的基本原则

施工过程建筑工程质量控制应以施工及验收规范、工程质量验收评定标准为依据，督促施工承包单位全面实现工程承包合同约定的质量目标，以工序质量控制为核心，以质量预控为重点，监督施工承包单位的质量保证体系落实到位，严格落实各项监理程序，从而使建筑工程项目的人员、机械、材料、施工方法、环境等因素处于全面受控状态，实现监理控制目标。

2. 建筑工程监理方质量预控主动管理模式，坚持质量第一、预防为主的管理模式

建筑工程监理方质量控制要将隐患尽量消灭在萌芽状态，因此必须加强质量控制的事前管理，严格质量控制的过程监控。事先预控要贯穿医院工程的始终，从承包人的选择及施工质量管理等方面，都要充分考虑多种因素的影响，对建筑工程项目的每个环

节加强全过程预控管理。主动管理是一种事先预控。建筑工程建设过程中随时可能会出现目标偏离的情况，对此及时制定相应措施，并分析原因总结出预防措施，将为今后建筑工程监理方质量控制主动管理提供指导和借鉴。

3. 建筑工程监理方质量预控管理的方法措施

（1）健全技术文件审核、审批制度。根据施工合同约定，由建设方提交的施工技术图纸、工程控制坐标和高程等资料以及由承包人提交的施工组织设计、施工计划、施工进度计划等文件应经过监理机构核查、审核、审批。

（2）督促承包商严格按照经审批合格的设计图纸、施工规范、验收标准进行施工，执行施工承包合同规定的有关施工质量的检验制度。

（3）对重大或关键部位施工，承包单位应提交专项施工方案，经相关专业监理工程师和总监理工程师审查认定后方可施工。

（4）各专业监理工程师对施工承包单位交验的有关质量报表进行核查。对于隐蔽工程或关键部位须经专业监理工程师检查验收合格后方可进行下一道的工序施工。

（5）严格旁站监理，对建筑工程施工过程的重点部位实施全程旁站监理工作。

（6）建筑工程的各种商洽必须经有关监理工程师签字确认后方可实施。

（7）监理工程师审查主要材料、设备的质量和核定其性能，总监理工程师参加工程分部、单位工程验收工作，参与工程质量事故的处理。

三、建筑工程质量问题预控案例分析

建筑工程监理方质量预控应明确监理质量控制体系与施工单位的质量保证体系之间的关系。总体说来，监理质量控制体系是建立在施工承包商的质量保证体系上的。没有一个健全的、运转良好的施工质量保证体系，监理工程师的工作难度就会大增。因此，监理工程师质量控制的首要任务就是在开工令签发之前，应认真检查核实施工承包商的质量保证体系，不健全就不签发开工令。

1. 某人民医院工程概况

某人民医院工程由门急诊楼、医技楼、住院楼组成，其中住院楼为13层，总高度55.150m；门急诊楼、医技楼为5层，总高度25.950m，地下室一层。总建筑面积为84526m^2，其中地上

建筑面积 69636m²，地下室建筑面积为 14890m²，占地面积 10557m²；总床位数 800 床。本工程具有以下特点：

（1）由于离山不远，地质层起伏大；⑤ –2、⑥ –4 地质层均为角砾层、⑥ –2 地质层均为砾砂层，且每层厚度不薄；桩型为钻孔灌注桩，入⑨ –1 强风化岩 1m，桩长 50~56m；或入⑨ –2 中风化岩 0.5m，桩长 32~56m；桩径为 600mm、700mm，总桩数 648 枚。

（2）地下室底板面积为 14890m²，屋面面积为 10557m²，卫生间、盥洗室数量较多。防水施工面积大，分布广。

（3）医院工程的安装内容较多，且使用功能要求高。给排水、强电、暖通（含多种制式空调、蒸汽）、消防、智能化、洁净空调、纯净水、供氧、蒸汽等多专业，尤其是在走道的吊顶上部，交叉穿越较多。

（4）外墙为内侧均为 300mm 厚蒸压加气混凝土砌块，外侧为 120mm 厚粉煤灰多孔砖组成的复合墙体，每隔 300mm 高铺设一层钢筋网片。

2. 某人民医院工程监理方质量预控案例分析

（1）加强项目监理部的内部管理

某人民医院工程监理部在桩基施工、主体结构施工、装饰施工、附属市政等不同阶段，根据其不同的特点和要求，结合本监理部人员配置及各监理人员的长处和短处进行合理的分工和搭配。总监周一到周六每天现场检查一次施工方案的落实情况和监理部各监理人员的工作分工及监理细则的落实情况；根据现场情况对即将施工的部位或工序进行认真的分析，预测可能发生的质量问题，及时改进监理工作方法。做到既能充分发挥监理人员的长处，又能让监理人员有学习和提高自己的机会，更有利于工程质量的控制。

加强建筑工程监理方质量事先控制。对开工前施工企业提交的技术方案、技术措施、质量保证体系以及管理制度等作严密审核，特别是对施工企业投入工程的技术人员的数量和素质提出具体要求。对用于工程的原材料、半成品、成品、设备和运到工地的机械等进行控制，凡未经项目监理部同意，不得进入工地。这样就避免了因准备工作不充分、施工措施不落实、人力物力不到位或因质量安全措施不完善而仓促开工所产生的质量问题。

加强建筑工程监理方质量事中控制重要手段之一就是强化工序控制。对工序控制要求施工方实行"二级三检报验制"，它是保证建筑工程质量的有效手段。第一级是指令施工企业建立班组初检、施工项目部复检、施工企业终检的质量检查机构与质量验收制度；第二级是施工企业在其内部检查合格的基础上，填报"报验申请单"报监理单位，经监理工程师复验合格。做到上一工序不合格不得进入下一工序施工，对检验批、分项工程由监理工程师在评定表上签验收意见，以确保每道工序都达到设计和规范要求。主要部位、隐蔽工程、关键施工过程等实行旁站监理。监理员由监理工程师进行旁站技术安全交底后全过程旁站监理，监理工程师巡视监督。

（2）建筑工程桩基施工阶段工程质量的预控管理分析

制定建筑工程监理规划和桩基监理细则，明确桩基工程监理目标，桩位全数复核非常重要，本工程将其设置为质量控制点。监理方根据工程质量控制的坚持质量第一、预防为主的管理模式，加强对本工程工程桩桩位测量放样的平行复核。在病房楼的桩位放样复核时，发现有一根轴线偏移 2m，由于监理方发现及时，施工方的操作失误没有对本工程质量造成实质性的不良影响。这就是加强质量控制的事前管理、严格质量控制的过程预控管理取得的效果。

工程桩为入岩桩，风化岩层的走势是东北向西南倾斜。由于本工程的工程桩中住院楼的持力层为中风化岩层，门急诊医技楼持力层为强风化岩层，且工地势为东南向西北倾斜，地质勘察报告显示本程桩范围内的最高处与最低处的高差 32m。桩基施工过程中必须确保设计的入岩深度要求，成桩难度较大。桩基施工单位的作业班组是按孔深每米价包干，入中风化的桩基施工班组为减少钻头的磨损，不愿意真正地按设计要求实施。

监理方在工程桩施工质量控制管理过程将隐患消灭在萌芽状态之中。充分考虑多种因素的影响，对工程桩工程的每个环节加强预控管理和事中质量控制管理。试成桩时，保留好经地质勘察单位确认的中风化岩样和强风化岩样，监理公司调派有几十年钻孔灌注桩施工经验的包工到项目部进行现场入岩、终孔岩样取样把关。当施工过程中遇到岩样较难判定时及时邀请勘察单位到现场鉴定。每次初入持力层和终孔分别提取岩样与试桩时勘察取定的岩样进行对比。符合初样的要求时，开始计算进入持力层深度，入持力层深度符合设计要求时同意终孔；没有满足设计要求的入岩深度，坚决不同意终孔。因监理方加强了对桩基工程全过程预控管理和事中质量管理，最终确保了成桩质量，桩基检测显示，一类桩达 92.1%，二类桩 7.9%，无三类、四类桩。桩基础质量达到了优质工程标准。

（3）建筑工程主体施工阶段工程质量的预控管理分析

本工程的门诊大厅梁板支模高度为10.56m。地下室顶板中较大的梁截面为1900mm×350mm、1900mm×250mm、门急诊医技楼屋面较大的梁截面为2700mm×300mm。

为了确保上述部位大梁的施工质量，施工前邀请了专家组对施工方案进行分析论证，并督促施工方按专家意见进行完善。但在地下室顶板较大截面的梁施工时，木工施工班组不按专家认证提出的要求施工。木工施工班组对监理方限时整改的监理工程师通知单不予执行。监理部立即召集建设单位现场负责人，施工单位公司经理、公司总工程师、木工班组负责人到工地现场开专题会议。这是将人的行为作为质量预控重点。

会议上监理部要求参加会议的全部人员都到现场检查支模承重架的搭设情况，然后回到会议室再确定整改的方案措施及整改时限。监理严格按照专家论证的方案进行验收，合格后才准许浇混凝土。经过此次对木工班组的整顿，在施工初期有效地规范了施工作业班组作业人员的质量行为，确保了危险性较大的高大支模架的安全，也起到了在施工初期从严规范施工安全意识、增强施工质量、安全责任的作用。同时，也有效预防了钢筋混凝土成形质量问题的发生。

本工程外墙构造为内侧均为300mm厚蒸压加气混凝土砌块，外侧为120mm厚粉煤灰多孔砖，每隔300mm高铺设一层200mm×200mm的钢筋网片。

这种复合墙体施工操作难度大。施工作业班组刚开始时，在两种不同材质的砌块间缝不填充掺有40%专用胶粘剂的混合砂浆，只在窗间墙的两端用混合砂浆封口。监理部发现上述情况后，下发了监理工程师通知单，要求暂停砌筑墙体施工进行全面彻底整改。但施工班组不配合整改，监理部及时针对此情况召开由业主、监理、施工方管理人员及泥工班组长参加的外墙砌体专题会。要求施工方增强质量意识，全面彻底落实整改。组织新进外墙砌体施工班组先观摩学习复合墙体砌筑要点，掌握易产生质量问题的解决措施。监理方在此施工过程采取了质量控制动态管理模式和质量控制主动管理模式结合的方式，对这种复合墙体施工过程进行旁站监理，从严控制复合外墙的施工质量，消除120mm厚粉煤灰多孔砖掉落的隐患，有效控制了复合外墙结构的施工质量。整改后现场监理对复合墙体的组砌质量进行了38个批次检查，结果均符合设计和相应的验收规范要求；复合外墙体的节能实体检测满足设计要求。

（4）建筑工程安装和装饰阶段工程质量的预控管理分析

此阶段监理方在监理规划和专项监理细则中采取了质量控制全过程管理与全方位管理模式及项目综合管理模式，取得较好的工程质量的预控管理效果。对本工程使用的原材料分别按照《建筑内部装修防火施工及验收规范》GB 50354-2005、《民用建筑工程室内环境污染控制规范》GB 50325-2010要求先对进场材料进行验收和抽样送检，检测结果合格才允许用于工程施工。

医院工程的安装内容较多，有给排水、强电、暖通（含多种制式空调、蒸汽）、消防、智能化、洁净空调、纯净水、供氧、蒸汽等多专业，且使用功能要求高。尤其是在走道的吊顶上部，交叉穿越较多。安装专业给排水、强电主干系统及防排烟、消防系统由总包承担外，其余安装专业均为分包。监理方在正式施工前加强安装阶段工程质量的预控管理，先在同一张施工图的电子版上进行预排版，使存在的问题尽可能暴露出来，再将暴露出来的问题与有关的专业进行协调。确定了压力管道让非压力管线、小管线让大管线、保障各专业功能的前提，统筹布置，节点样板引路，合理工序搭接，进行协调控制，有效地控制了安装工程的质量，同时也满足了工程质量评杯的要求。

进入装饰阶段后，交叉作业互相干扰和影响的环节较多。尤其是在天棚吊顶施工过程中的消防水和暖通的风管安装与矿棉板吊顶、铝扣板吊顶施工的相互影响最明显。监理方在审查施工方案、流水施工进度的安排上，侧重审查相互干扰的专业的时间节点的合理性和连续性。在专项监理细则中采用全方位管理模式和项目综合管理模式相结合的质量控制管理，将吊顶隐蔽检查验收会签设置为质量控制点。建立健全建筑室内天棚吊顶隐蔽会签制度：吊顶隐蔽施工前，空调、消防、电气专业及相关的人员认真检查建筑室内天棚吊顶内的工作是否全部施工完毕，已施工的是否存在质量问题。如果存在问题，要限定时间落实整改；经验收确定具备封吊顶的条件后由各专业负责人签字。牢牢抓住这根主线，对装饰阶段整体的施工进度的保障和施工质量提高具有重大意义。

本工程在现场施工的单位有20家，尤其是安装方面，甲供的设备很多。监理部审查专业安装单位和甲供设备单位的招投标文件、中标通知书、合同文件，对进场的专业安装单位和甲供设备单位资质进行审查。严格按照业主对装饰材料、安装材料设备的定牌封样和相关合同文件进行验收；做好准备阶段的质量控制管理；发现存在问题，并及时发出书面的监理工作联系函给业主，减少了工期的延误，有利于工程质量的控制。

（5）建筑工程质量预控点的管理分析

1）人的行为

如医院建筑工程中技术难度大或精度要求高的洁净工程，其精密、复杂的设备安装对人的技术水平均有相应的较高要求。

2）物的状态

如医院工程有防辐射要求的X射线检验室、CT核磁共振等检测场所使用的墙体施工的密实度、其房间内侧粉刷用于防辐射的硫酸钡防护层的厚度或安装的铅板的质量及厚度等。

3）材料、设备的质量与性能

例如医院工程中的纯净水系统、供氧系统、负压吸引系统、手术室和重症监护室以及洁净品中心供应的洁净工程。其材料、设备的质量与性能参数直接严重影响工程的质量和病人的生命安全，应作为工程质量控制的重点。

4）关键的操作

如建筑工程中预应力钢筋的张拉工艺操作过程及张拉力的控制，是可靠地建立预应力值和保证预应力构件的重要指标。医院工程中的纯净水系统、供氧系统、负压吸引系统、手术室和重症监护室以及洁净品中心供应的洁净工程，其设备及管道接头的安装、吹扫清洁与调试操作质量直接关系到医院工程的质量和病人的生命安全，应作为医院工程质量控制的重点。

5）施工顺序

例如医院工程的安装内容较多，且使用功能要求高。给排水、强电、暖通（含多种制式空调、蒸汽）、消防、智能化、洁净空调、纯净水、供氧气等诸多专业，尤其是在走道的吊顶上部，交叉穿越较多；在正式施工前，先在同一张施工图的电子版上进行预排版，使存在的问题尽可能暴露出来，再将暴露出来的问题与有关的专业进行协调。确定压力管道让非压力管线、小管线让大管线、保障各专业功能的前提，统筹布置，事先进行节点样板引路，合理工序搭接，进行协调控制。

6）新工艺、新技术、新材料的应用

如医院工程中的物流轨道系统，在国内目前属于新工艺、新技术，该系统的安装和调试由于缺少经验，施工时可作为重点进行控制。

7）易发生或常见的施工质量通病

如建筑工程的屋面、地下室、卫生间防水层的铺设不规范，细部处理不符合要求；供水管道接头的渗漏、砌体砂浆不饱满等施工质量通病。

8）易对建筑工程质量产生重大质量事故的问题

如医院工程中的门诊楼的门诊大厅通常较宽大、层高为二层楼高（一般有8~10m净高），这样的大跨度和超高结构的承重支模架的搭设与拆除，混凝土浇筑难度大，该施工环节和重要部位应作为工程质量控制的重点。

四、结论

本文侧重于对建筑工程质量控制管理中工程质量预防控制方法与措施进行研究，阐述了建筑工程监理方质量预控管理的相关原理，结合实例指出了当前建筑工程质量预控管理中存在的问题，提出了相应的解决措施。本文就建筑工程中监理方质量控制管理作了如下论述：

（1）文对建筑工程监理方质量控制管理的基本原则、主要内容、管理的基本模式做了初步的整理。

（2）研究了施工阶段建筑工程监理方质量预控管理的方法措施。

（3）结合某建筑工程实例，对建筑工程质量预控管理进行了分析和总结。

建筑工程监理方质量预控是一项比较复杂的系统工程，如何对施工过程的质量进行科学、有效的管理和控制，需要在实践中不断地探索和学习。在建筑工程质量控制监理过程中，要善于抓住主要矛盾，并细化各项监理质量控制管理制度，科学、系统、规范地进行建筑工程监理方质量预控管理，不断提高监理方质量预控管理水平。

本人在收集相关资料的基础上，结合实际工程经验提出了监理方解决建筑工程质量预控管理的相关措施。

大型监理企业技术管理探讨

合肥工大建设监理有限责任公司　王章虎

摘　要：本文论述了大型监理企业技术管理的必要性，提出了大型监理企业技术管理的体系，结合合肥工大建设监理有限责任公司技术管理的实践，阐述了监理企业技术管理的组织与实施的做法。指出大型监理企业只有加强企业的技术管理，形成其专业、技术、管理特色，才能为社会、业主提供有价值和超附加值服务。

关键词：监理企业　技术管理　体系　组织与实施

自1988年建设监理试点，特别是1996年全面推行建设监理二十年来，中国建设监理走过了一条不断探索、艰苦奋进和卓有成效的道路，在中国特色的市场环境下得以发展壮大，建设监理取得的成绩有目共睹。实践证明，建设监理制度是一个好制度，其在工程管理过程中发挥的作用是不可替代的。同时，建设监理行业也确实存在一些急需解决的问题。随着改革的全面深化，工程监理制度进一步完善，监理企业转型升级成为必然。大型监理企业只有加强企业的技术管理，形成其专业、技术、管理特色，才能为社会、业主提供有价值和超附加值服务。

一、大型监理企业技术管理的必要性

1. 监理企业性质要求

工程监理企业是依法成立并取得建设主管部门颁发的工程监理企业资质证书，从事建设工程监理和相关服务活动的服务机构。其开展的建设工程监理和相关服务活动依据是法律法规、工程建设标准、勘察设计文件及合同，是以技术为主要支撑的服务活动。监理企业必须加强企业的技术管理，提高企业技术管理水平和监理人员的技术服务能力，形成专业、技术和管理特色，才能提升企业的核心竞争力，为社会、业主履行监理职责、提供高水平的技术服务。

2. 监理行业转型发展的需要

国家推行建设监理二十多年来，工程监理发挥了巨大的作用。但毋庸讳言，目前，建设监理行业还存在很多问题，其中，监理企业和人员技术、管理水平不高，不能为社会、业主提供高水平的服务是其中的一个重要方面。工程监理的行业地位和社会价值还不能得到社会的认可和市场业主的承认，监理行业还是政策环境依赖性很强的行业，监理企业大多还是在吃“政策保障饭”。党的十八届三中全会吹响了全面深化改革的号角，市场将在资源配置中决定性作用。随着政府行政管理体制、市场化改革的不断深入，建设监理行业被逐步推向市场是大势所趋，监理企业必须以市场为驱动实现转型发展。监理企业转型发展，就是要围绕市场需求，为社会、业主提供更多高品质、高质量服务，创造更多、更大经济价值与社会价值。这就要求大型监理企业进一步加强企业的技术管理，形成更多的具备特色的技术管理成果，全面提升企业监理人员的技术服务水平，为社会、业主创造价值，提供满意的服务，企业才能生存与发展。

3. 大数据时代的特征要求

当今世界正处在以高新技术发展为特征的第三次科学技术革命时代，其基本特征及其发展规律是科学技术发展的综合化、高速化、计量化，以及科学、技术、生产一体化。近年来，随着信息技术特别是信息通信技术的发展，互联网、社交网、移动互联网、云计算等相继进入人们的日常工作和生活中，全球数据信息量指数式爆炸增长，世界已进入了大数据时代。大数据所积蓄的价值，必将冲击企业传统的生产经营和管理理念，带来企业生产经营模式、技术的创新和管理的变革。大数据的利用与处理将会成为企业的核心竞争力。这就要求大型监理企业必须加强企业的技术管理，着力提升专业和技术人员的水平，发挥技术管理和技术服务的价值。

二、大型监理企业技术管理体系

1. 建立健全监理企业技术管理体系

作为大型监理企业必须加强企业的技术管理，建立健全企业的技术管理体系，保证其服务活动的有效规范运行。监理企业的技术管理体系的建立要以法律法规、工程建设标准为基础，综合体现企业自身的特点、企业特色做法的固化、企业人员技术水平的提升和先进技术管理工具的开发应用等方面。对大型监理企业，应形成法律法规工程建设标准的动态跟踪、监理单位的企业技术标准、监理方法、培训课件和技术管理的通用软件应用等技术管理体系。

2. 法律法规和工程建设标准的动态跟踪

监理企业开展的各类服务活动，离不开法律法规和工程建设标准。它包含国家、行业、地方的法律法规、工程建设规范标准和相关合同示范文本，而这些法律法规和工程建设标准，随着技术的进步、环境的变化也在不断变化之中。监理企业应设立专门的技术管理部门，建立企业服务业务专业领域和区域范围内的法律法规和工程建设标准库，并及时跟踪其变化情况，标识其现行有效版本。在监理企业组建建设工程监理或相关服务活动的机构或团队时，为其提供有效的法律法规和工程建设标准版本清单，确保监理企业开展服务活动的依据有效。

3. 监理企业技术标准、监理方法和培训课件

监理企业开展各类服务活动仅凭通用的法律法规和工程建设标准是不够的，反映不了企业的特点，很难形成企业的竞争能力。大型监理企业应结合自身特点和情况，开展反映企业自身特色的技术管理工作，形成一系列的技术管理固化成果，这不仅是不断形成监理企业核心竞争力的需要，也是同一监理企业为社会（业主）提供同一标准服务质量的要求。监理企业开展特色的技术管理工作，要能体现企业开展服务活动共性方面的统一要求，要能体现企业服务活动经验的积累，要对层出不穷的新技术、新要求快速反应，同时还要便于及时有效的修订改进。基于上述原则，大型监理企业应形成企业自己的技术标准、监理方法和培训课件系列技术管理成果。

企业技术标准是法律法规和工程建设标准与企业自身管理相结合的技术管理的具体化和细化，它对监理企业建设工程监理和相关服务活动的技术管理作出了同一的规定，是企业各部门、各级人员必须遵守的技术管理文件。例如，笔者所在的公司就形成并颁布实施了《监理工作统一标准》、《监理信用管理标准》、《监理资料管理统一标准》等企业技术标准。监理方法主要是企业长期从事的建设工程监理和相关服务活动过程中一些好的、有特色的监理经验的总结，侧重于监理的方式方法，以具体的专业和监理服务内容的某一方面为背景。监理企业的培训课件主要针对一些新技术、新要求和各类新标准的宣贯快速组织编制的用于企业各级机构和人员培训的资料，以PPT模式形成。

4. 通用软件和先进技术的应用

大型监理企业技术管理工作还有一个重要方面，就是加强技术管理现代化手段和技术能力的建设。这就要求监理企业加大投入，配置适应大数据时代信息化建设必要的硬件，配置相关的设计、预算、管理等通用软件，并建立一批能够应用这些软件和先进技术（比如BIM技术）的专业人员队伍，确保大型监理企业具备为社会和业主提供各类技术服务的能力。

三、大型监理企业技术管理的组织与实施

1. 建立企业技术管理的组织机构

要做好监理企业的技术管理，必须要建立健全企业对应的技术管理机构，从组织上予以保证。技术管理机构的建立应根据监理企业自身情况合理设置，不同的监理企业会有不同的技术管理机

构。大型监理企业技术管理机构应包含企业重大技术管理的决策组织、具体管理机构和技术支撑组织，笔者所在的监理单位分别对应设立了技术委员会、技术发展部和企业技术专家库。技术委员会由监理企业主要行政负责人和技术负责人组成，其职能有制定企业重大技术发展战略、审批颁布企业技术管理制度和技术标准等，是企业重大技术管理的决策组织。技术发展部是企业技术管理的日常机构，负责相关法律法规和工程建设标准的跟踪、收集、整理，并指导公司项目监理正确运用；负责企业技术标准、监理方法和培训课件的组织与管理，负责技术专家库的管理。大型监理企业应组建企业自身的技术专家库，技术专家库应专业齐备，各类专业应有本专业领域的知名专家，技术专家以企业自身的各类有特长的技术人员为主，也可吸收一些社会有影响的专家。技术专家是企业重大技术方案、技术标准的论证评审者，也是为社会和业主提供技术服务的咨询者。

2. 建立健全企业技术管理制度

为做好监理企业技术管理工作，必须建立健全企业技术管理的相关制度，将技术管理的工作纳入制度的框架内，保证企业技术管理工作的有序、高效和持续。技术管理制度应涵盖企业技术管理投入、机构职责的有关规定、企业标准、监理方法及培训课件等管理办法和技术管理评先评优办法。如笔者所在公司制定了诸如技术专家管理办法、企业技术标准管理办法、公司监理方法和培训课件管理办法、企业科研项目及经费管理暂行办法和公司技术标准、监理方法和培训课件评奖管理办法等。

3. 加大企业技术管理的投入

要做好监理企业技术管理工作，必须在经费和人力资源方面保证必要的投入。监理企业每年要设立技术管理预算经费，技术管理经费包括：为编制技术标准、监理方法等开展相关研究的科研项目经费，信息化建设相关硬件和设计、预算、管理等通用软件的购置及维护费用，先进的管理技术和新的专业技术的学习培训费用，用于技术标准、监理方法等评先评优的奖励基金。笔者所在公司每年上述费用的投入均在 100 万以上，占企业营业收入 1% 左右。监理企业还应加大技术管理人力资源的投入，要在技术管理机构部门配备足够的专职技术管理人员，并强化管理人员能力的提升和保持相对的稳定，以利于企业技术管理水平的持续提升和有序改进；同时，还要调动一大批企业技术人员，积极参与企业的技术管理工作，企业将科研项目和技术标准、监理方法、培训课件的编制等相关工作通过组织、申报、评审、立项等程序，将其委托给相关的具备相应技术水平和实践经验的技术研究团队或编制组完成；将社会、业主或监理服务项目需要的相关技术方案的论证与咨询工作安排企业技术专家库中的对应的专家去完成。通过这样的组织安排，不仅可以集中监理企业最高水平参与企业的技术管理和为社会、业主提供服务，还可以在企业技术管理进程中，培养、锻炼和提升企业一大批高水平的技术人员。技术管理的成果全企业所有团队和人员享有，可以带动企业整体技术水平的提高，达到事半功倍的效果。

4. 强化企业技术管理工作的执行力

设立了企业的技术管理相关机构、制定了技术管理的制度，也进行了经费和人力资源的投入，但要达到技术管理的预期效果，还必须强化企业技术管理工作的执行力，没有执行力，很难形成好的技术管理的成果，没有执行力，编制的标准、方法、课件也发挥不了相应的作用。提高技术管理工作的执行力，首先要落实监理企业技术管理机构的主体责任。要确保企业技术管理机构在企业技术管理工作中的组织、贯彻、落实的核心作用；要确保科研项目、技术标准、监理方法及培训课件立项的紧迫性、重要性、先进性和安排的合理性；要严格督促其完成的时间和质量，保证形成企业好的技术管理成果；要强化技术标准的宣贯、落实监理方法的应用和培训课件的培训等工作，企业可以以点带面组织宣贯、培训。其次，要落实监理企业现场监理机构或服务团队技术管理的职能。强化其在企业技术管理工作的参与度；落实其在技术标准、监理方法和培训课件宣贯、应用和培训的主体责任；推动其严格按企业技术标准执行。再次，要强化企业技术管理工作的激励机制。要将技术管理工作作为相关部门和人员年度考核的重要指标；每年要评选一批优秀的监理企业技术标准、监理方法、培训课件和一批先进技术管理工作者，在企业范围内进行表彰与奖励，推动监理企业技术管理工作的健康发展。

四、结束语

面对大数据时代的新技术革命，面对改革的全面深化，监理企业尤其大型监理企业必须以市场为驱动，以提升技术管理和技术服务水平为着眼点，以为社会和业主提供高水平有价值和超附加值的服务为目标，加强企业的技术管理，努力创造具有专业、技术和管理特色的成果，并实现成果的有效执行，才能适应市场，实现转型发展。

BT项目中的监理工作——合同管理

河北冀科工程项目管理有限公司　李冬成

摘　要：20世纪90年代BT项目从广东率先引入。它是一种新型的投融资建设模式。目前，BT项目数量与通常建设项目数量相比其比例不高。在监理工作中，BT项目与通常建设项目有何异同，项目监理机构在该项目中如何开展监理工作。本文作者根据自身经历，对上述情形提出了自己的观点。（作者经历的BT项目在2014年12月被评为河北省优质工程）

关键词：BT项目　监理工作　合同管理

在2011年7月至2013年8月两年多的时间，本人作为总监理工程师，全过程经历了一个BT项目。通过该BT项目，本人认为，BT项目中的监理工作重在合同管理。现将自己在BT项目中对合同管理的认识提出，希望抛砖引玉，以为同仁共同提高之用。

一、BT项目

随着社会和经济的快速发展，大量公益性和基础性项目亟待配套建设。为缓解建设项目所需资金较大而政府财政资金相对不足的矛盾，在符合法律、法规的前提下，国务院及国家多部委先后出台了一系列《决定》《意见》《通知》《办法》，开辟了政府融资渠道。BT（Build-transfer）即“建设—移交”，就是在此背景下政府可采取的多种融资渠道之一。

BT项目是项目发起人（或称项目业主）通过公开招标方式确定项目投资建设方，由投资建设方负责项目资金筹措和工程建设。项目竣工验收合格后，投资建设方将合格项目向项目发起人移交。此时，项目发起人依照BT合同约定向投资建设方支付回购价款。

BT项目的运作模式是由项目特点、所在地投资环境以及各参与主体的实际情况等多条件决定，故BT项目的运作模式有其多样性。根据已实施BT项目运作的主要特征以及相关资料介绍，BT模式大体可分为以下几类：

1. 施工二次招标型BT模式。在项目发起人确定投资建设方后，再由投资建设方进行二次招标，进而确定其他所有相关建设主体，如勘察、设计、施工等，有资料也称其为完全BT方式。

2. 直接施工型BT模式。项目发起人确定投资建设方后，由投资建设方直接对所有项目承担实施。有资料也称其为总承包BT方式。

3. 施工同体型BT模式：项目发起人确定的投资建设方仅负责施工和融资、投资。有资料也称其为施工承包BT方式。

4. 笔者遇到的BT模式：项目发起人通过公开招标程序确定项目投资建设方。项目发起人负责勘察、设计以及监理单位的招标和相应合同签定。投资建设方负责设备采购和工程各承包单位的二次招标及相应合同签定。

笔者遇到的BT模式与上述提到的三种模式均不相同。这也说明BT项目运作模式的多样性。

二、合同管理

笔者认为，BT 项目监理工作，其合同管理的主要内容如下：

（一）学习合同、明确主体关系

这是笔者从事监理工作以来第一次遇到 BT 项目，本项目监理机构其他监理人员也都没有 BT 项目经历。但项目监理机构有一个共识，那就是不管什么模式的建设项目，监理合同及其他相关合同是监理人明确自身权利义务和认清各主体间权利义务的依据。按照这样的思路，项目监理机构在工程的早些时候，组织监理人员分别学习和共同讨论了 BT 项目中的监理合同、BT 合同以及施工合同等。通过学习合同，项目监理机构很快明确了各合同主体间的权利义务。但大家对监理人与投资建设方是什么工作关系，仍然不是很清楚。针对此情形，项目监理机构全体人员又着重对上述合同中有关监理人与投资建设方的相关条款进行了学习。通过仔细分析上述合同中的相关条款，项目监理机构最终厘清了监理人与投资建设方的工作关系。

本项目监理合同采用建设工程委托监理合同（GF-2000-0202）示范文本。从其专用条件看，没有条款提及投资建设方。本项目施工合同采用建设工程施工合同（GF-1999-0201）示范文本，从投资建设方与施工单位签定施工合同看，它显示监理单位是由投资建设方委托（实际情况是由项目发起人委托），其不能真实反映监理单位和投资建设方工作关系。

本委托监理合同专用条件第二条明确，建设工程委托监理合同及其他相关合同是监理人的监理依据。

本项目相关合同，能具体表明监理人与投资建设方工作关系的是 BT 合同。为方便表述，现将 BT 合同条款划分为两部分。一部分监理人与投资建设方工作相关，另一部分监理人与投资建设方工作无关。

1. 监理人工作与投资建设方工作相关部分

8.6.4 乙方应接受监理工程师对本工程质量监督、进度控制、设计变更与现场签证的审核、工程例会的组织及其他监理工程师工作，参加监理工程师组织的协调会，服从监理工程师的指示和管理。

……

上述 BT 合同条款表明，对投资建设方质量监督等工作是项目发起人委托监理人的工作。这虽然在监理合同专用条件中没有具体条款约定，但它在 BT 合同中予以了明确。依照本监理合同专用条件第二条（建设工程委托监理合同及其他相关合同是监理人的监理依据）和《建设工程监理规范》GB 50319—2000（建设工程委托监理合同及其他建设工程合同是监理人的监理依据），BT 合同中约定条款同样是监理人的监理依据。

2. 监理人工作与投资建设方工作无关部分：

8.10.1 乙方可以利用本项目资源进行外部融资（如向银行申请贷款），但所筹措的资金使用应当仅限于本项目的建设，且该融资申请文件应当报送甲方备份。

……

上述 BT 合同条款约定的是项目发起人与投资建设方的各自权利义务，非项目发起人委托监理人的范围，或者说其工作与监理人无关。

从 BT 合同知道，在监理人与投资建设方工作相关部分，项目发起人委托监理人向投资建设方行使监理权利，投资建设方向监理人履行相应义务。同一工作，监理人行使监理权利，投资建设方履行相应义务。从其中关系可以推出，监理人与投资建设方（工作相关部分）是监理与被监理关系。

项目监理机构开展监理工作不仅需要明确各合同主体间的权利义务，而且还要通过合同主体间相关约定正确认识其他没有直接合同关系的主体间的权利义务。如，监理人与施工或投资建设方之间的权利义务。因为只有明确了项目所有主体间的权利义务，监理人才能按照合同本意去引导和管理各主体的履约行为。

BT 项目中，明确各方主体关系尤其是明确监理人与投资建设方的工作关系，是项目监理机构合同管理的第一步。

（二）宣传合同、行使监理权利

目前，BT 项目不够广泛。人们对 BT 项目主体间尤其是监理单位与投资建设方之间的权利义务尚有诸多不同认识。比如，本 BT 项目中就有人说，项目发起人是监理单位的委托人，而投资建设方是出资单位，整个项目的造价包括监理单位的监理费都是由投资建设方支出，所以项目发起人和投资建设方都是监理单位的甲方。也有人说，投资建设方就是垫资总承包单位，投资建设方是监理人的被监理单位，等等。另外，在工程初期，投资建设方还要求项目监理机构向其汇报监理工作等。

为使各参建方对监理人与投资建设方之间权利义务的分歧看法统一到合同上来，项目监理机构在学习、分析和最终明确监理人与投资建设方工作关系的基础上，加大了向参建各方宣传合同内容和按照合同约定向投资建设方行使权利的力度。如，项目监理机构要求所有监理人员依照合同约定积极向各参建单位宣传监理人与投资建设方的工作关系；项目监理机构依照 BT 合同 8.5.1 条款（乙方应当确保在承包商确定后 7 天内向监理工程师提供施工组织设计、施工方案和进度计划）对投资建设方适时以书面通知和口头督促方式向投资建设方提出相应要求；项目监理机构依照 BT 合同 8.6.1 条款（监理由甲方委托，负责工程项目实施阶段质量、进度、造价控制，信息、合同管理，现场协调，安全文明施工监督以及需新增项目、设计变更、工程签证等）在监理例会上要求投资建设方对自己发包项目所涉及的质量、进度等内容行使权利和履行义务；项目监理机构结合工作情况将 BT 合同 8.6.4 条款（乙方应接受监理工程师对本工程质量监督、进度控制、设计变更与现场签证的审核、工程例会的组织及其他监理工程师工作，参加监理工程师组织的协调会，服从监理工程师的指示和管理）在例会中进行宣读；另外，在由参建各方代表及其相关人员参加的监理例会上，项目监理机构将各方发言顺序依次安排为施工单位（安装单位等）—投资建设方—项目监理机构—项目发起人。

通过项目监理机构全体人员积极地对外宣传以及项目监理机构依照合同约定向投资建设方行使监理权利，在项目初期工作中，各参建方对监理人与投资建设方工作关系的认识逐渐向合同统一。

各参建方对彼此权利义务的正确认识有利于整个项目平稳有序的展开。

（三）完善合同、明晰工作依据

尽管 BT 合同 8.6.1 和监理合同专用条件第四条都约定监理工程师负责本工程造价控制。但投资建设方站在自己的立场，认为监理工程师负责的造价控制是对实体而言或者说是针对施工和安装单位而言，并不包括投资建设方本身。在工程初期，投资建设方就进度款的报审程序提出程序为施工单位—项目监理机构—投资建设方—项目发起人。对此，项目监理机构向项目发起人和投资建设方提出，监理人的工作是受项目发起人委托，其工作是向项目发起人负责，而并非向投资建设方负责。项目发起人认同项目监理机构的意见，投资建设方持异议。在之后的监理例会上，项目发起人代表阐述了合同中监理人的权利和投资建设方的义务，并将投资建设方提出的报审程序调整为施工单位—投资建设方—项目监理机构—项目发起人。项目监理机构将项目发起人代表在例会上对 BT 合同的解释以及对报审程序的意见，记入监理例会纪要。包括投资建设方在内的与会各方代表在监理会议纪要上进行了会签。

本 BT 合同 15.7 附件约定，明确各自权利义务的会议纪要是合同附件构成之一。所以，经过与会各方会签的监理例会纪要进一步清晰和完善了原 BT 合同约定。

由于 BT 项目运作方式的多样性或具体项目的独特性，BT 合同双方所签定的合同条款难免不够周全、清晰或存在争议。在实际工作进程中，发现合同中存在上述情形，监理人要正确认识并积极协调，尽快对其进行修正、清晰和完善。

完善合同约定，可使监理人的合同管理有据可依。

三、结语

BT 项目是在通常建设项目各方主体的基础上，加入了投资建设方这一主体。由于投资建设方的加入，使得原各方主体间合同关系发生较大变化。上述学习合同、明确主体关系；宣传合同、行使监理权利；完善合同、明晰工作依据，就是项目监理机构在对“较大变化”着重进行合同管理。在合同管理中，监理人要特别关注没有直接合同关系的主体间的工作关系。本项目没有直接合同关系的监理人与投资建设方的工作关系自始至终是合同管理的重点。

BT 项目中的监理工作，简而言之，就是监理人在加强原本合同管理的基础上，延续通常建设项目的监理工作。

如何做好机电工程施工准备阶段的监理

山西省交通建设工程监理总公司　张瑞峰

摘　要：在高速公路机电建设工程中，施工准备阶段至关重要，特别是机电施工准备阶段的监理工作，将直接影响到后续施工阶段的顺利进行；无数工程实例证明，如施工准备阶段的监理工作做不好，施工阶段的安全、质量、进度、费用、环保目标就不能如其所愿，后续工作就无法正常进行，就不得不面对太多普遍无策的棘手问题，给建设的各方带来无数的困惑和损失。而目前对这一阶段的工作任务普遍没有得到足够重视，造成了项目后期施工阶段的巨大经济损失，甚至形成无法弥补的遗憾。本文针对这些问题，对机电施工准备阶段监理工作进行总结，提出这一阶段监理要点和工作程序，以实现对高速公路机电工程项目施工监理预期目标的有效控制。

关键词：机电工程　施工准备阶段　监理要点　工作程序

引言

随着我国高速公路建设的快速发展，监理工作的规范化、精细化、标准化管理就显得尤为重要。特别是机电施工准备阶段的监理工作更是至关重要，不仅是整个机电工程安全目标、质量目标、环保目标、投资目标、工期目标能否实现的关键环节和重要阶段，更是后续施工阶段能否顺利进行的重要保证。

多年来机电工程施工准备阶段没做到位形成大量问题，导致后续工作无法正常进行，太多束手无策的棘手问题，给建设各方带来了不少的困惑和损失，但目前这一问题还没有得到足够重视和较好的解决。对这一阶段工作重要性认识不够，导致机电建设项目后期出现无法弥补的严重后果，已成为这一阶段亟待解决的问题。本文总结多年来对机电工程施工监理的经验和教训，通过对机电施工准备阶段的监理工作中存在的问题进行分析，提出了一套较为完整的监理要点和工作程序，以期规范这一阶段的施工监理工作，解决这一阶段存在的问题，从而实现对高速公路机电建设工程项目施工监理预期目标的有效控制。

一、监理进场准备的内容和要点

1. 监理驻地建设准备

监理单位按合同约定组织监理人员进场，进行驻地建设，建立健全办公、生活、通信、交通设施，并将组织机构图表及监理管理制度上墙。

按施工单位投标文件中承诺，对项目经理、总工、各专业工程师进场情况和驻地建设情况进行检查，达到标书承诺，对不满足承诺的令其在规定的期限内整改。

2. 监理人员进场准备

监理单位组织监理人员进场后，及

时向建设单位领取与本合同相关的施工招、投标文件、施工合同、各种澄清、补遗书、备忘录、各种往来文件等相关资料。

总监理工程师组织全体监理人员开展各类合同文件、技术资料和施工图纸的学习，对施工现场环境进行调查了解核对，并进行相关专业知识及业务的学习和培训。各专业监理工程师应做到对本系统设计方案、系统组成、设备材料性能指标等全面、准确掌握。

3. 监理试验检测仪器设备准备

监理单位按合同要求配备机电工程试验检测仪器设备，并按合同要求对施工单位的试验检测仪器设施数量和标定情况进行逐项检查，对不满足要求的责令限期整改更换。

二、监理依据准备

1. 准备与机电工程相关的法律、法规、国家标准、行业业标准等。

2. 招投标文件资料、合同文件、联合设计文件、技术资料及图纸等。

3. 总监理工程师主持各专业监理工程师编制监理规划，审批监理细则。

三、施工准备阶段监理要点、内容及工作程序

1. 勘察、调查施工现场

进场后，总监理工程师在建设单位的配合下，带领全体监理人员和施工单位相关人员，对工程现场各收费站及车道，各治超站及车道，收费、监控中心机房，外场监控设施位置，隧道、桥梁预留预埋，轴流风机房，隧道管理站，变电所，消防高、低位水池及泵房，深井及泵房，管道、管线路由等情况进行实地勘察、调查。

2. 图纸会审、核对工程量清单

在建设单位协调下，总监理工程师组织设计及各施工单位进行图纸会审和清单核对，并形成由各方签字确认的会审意见。

3. 核定施工界面划分

监理人员进场后，在熟悉施工环境和设计要求的情况下，要求各施工单位对各自系统的物理、技术、责任施工界面进行明确划分，做到对接界面无缝隙，施工界面无盲区，并形成界面划分的书面文档，相关各方签字确认后，作为联合设计文件的组成部分。

4. 确定总集成单位

在招标文件中未明确总集成单位时，监理单位在参建的各施工单位中选择与多方有施工界面的单位为总集成单位，并报建设单位批准，在监理的统一管理下，负责项目的总集成协调和技术联络工作。

5. 统一工程资料表格

按建设单位要求或招标文件及相关规定、规范要求统一工程资料表格，为规范工程资料做好准备工作。

6. 分项分部划分

参见相关施工规范要求，根据工程实际情况，合理划分工程的分部分项工程，为施工管理和施工计量做好准备工作。

7. 排查预留预埋

要求各施工单位提前对各自施工界面，进行预留预埋排查工作，并参加相关预留预埋界面的交工验收；及时与相关单位进行协调、联系，处理存在的问题，对通过协调仍不能解决的问题应以书面形式及时向建设单位汇报。

8. 设计交底

参加建设单位组织的设计交底，监理与施工单位对设计有疑惑的问题提出质疑，进一步理解设计的思路和意图；对设计缺项、漏项进行完善，并提出建议和优化方案。

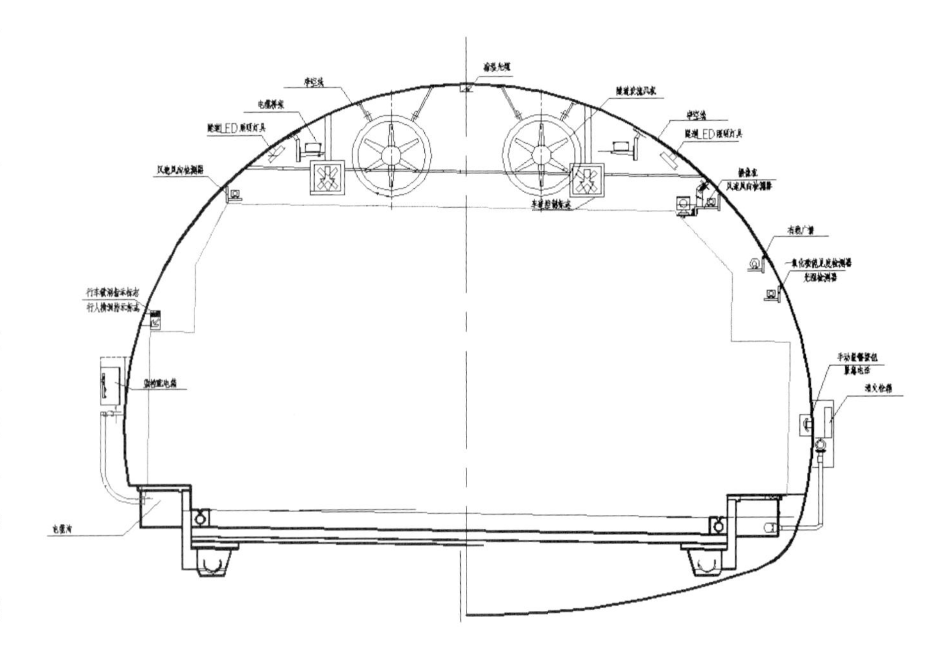

9. 联合设计

在施工单位、监理单位、建设单位对施工现场状况和设计交底充分了解的情况下，监理督促施工单位，根据建设方新的需求和现场情况，审查完成以下联合设计工作：

（1）在对施工现场环境和设计进行充分了解的情况下，对设计的缺项、漏项进行完善，对建设单位提出的新的需求进行补充；

（2）通过设计交底结合现场具体情况及建设单位新的需求，对建设工程项目系统的缺陷提出优化方案；

（3）在对施工项目及系统需求基本满足的情况下，参建各方对建设项目的系统功能及建设目标达成共识后，由建设单位组织，设计单位和监理单位及施工单位参加进行联合设计的初步评审工作，确定联合设计的详细内容和总体目标；

（4）按联合设计初步评审内容和总体目标的要求，进行系统详细方案设计和施工图设计，经监理审核、设计单位审批，由建设单位审查后向上级主管部门提出联合设计评审申请，经专家评审通过后，形成指导施工的技术文件。

10. 材料设备供应厂商调研

监理工程师应在材料设备订货前，对施工单位的设备供应厂商，配合业主对关键材料设备的生产能力、供货周期等进行调研，保证设备的质量和按时供货，确保项目的进度和质量目标。

11. 材料设备采购订货

对生产周期和供货周期较长的特殊及大型材料设备，要求施工单位必须提前按合同和技术规范要求签订供货合同，确保按进度目标供货。

12.《监理计划》和《监理细则》编制内容及审批程序

（1）总监理工程师根据本工程特点编制《监理计划》，具体内容由项目概况、监理工作依据、监理范围与安全环保目标、质量控制、进度控制、投资控制、合同管理、信息管理、监理机构及人员、监理工作制度及标准、监理工程师职责及权限、监理工程师守则、施工监理工作计划、监理工作程序、施工监理用表等组成。编写完成后由监理单位技术负责人审批通过，报建设单位批准后，作为《监理细则》编制的依据和指导性文件。

（2）总监理工程师组织各专业监理工程师进行《监理细则》的起草编制，经总监理工程师审核通过后，报送公司技术部门备案，批复后下发到施工单位按细则要求执行。

13. 审批施工组织设计

重点审核：施工单位项目主要负责人是否与投标文件相一致；质量保证体系、安全、环保体系是否完备有效；施工进度计划是否满足工期目标；施工工艺和方案是否可行、实用；审核意见报建设单位批复后，下发给施工单位执行，如不符合要求令其修改并重新提交；对未按时申报的，监理工程师应以文件形式通知施工单位在限定时间提交《施工组织设计》。

14. 检查质量、安全、环保体系

检查施工单位的质量、安全、环保体系是否符合标书承诺，是否满足施工的实际需求，对不符合标书承诺和不能满足施工质量、安全、环保现场实际需求的，要求整改达到承诺和实际施工要求。

15. 第一次工地会议

（1）第一次工地会议应具备的条件：在施工准备工作完成后，组织机构及驻地建设完毕；《施工组织设计》和《监理计划》得到批准；联合设计完成，并经过评审通过；设备设施位置复测完毕并得到批准；试验检测设备准备工作完毕并进行标定；工程开工申请已经提交。

（2）会议组织及参会人员：第一次工地会议应在工程正式开工前召开；总监办应事先将会议议程及有关事项通知建设单位、施工单位及其他有关单位并做好会议准备；会议应由总监理工程师主持；建设单位、施工单位主要负责人必须出席，各方在工程项目中担任主要职务的人员及分包单位负责人应参加会议；第一次工地会议应邀请设计单位参加。

（3）会议主要议程：参建各方介绍各自组织机构及人员，并宣布人员授权；建设单位代表宣布对总监理工程师的授权；施工单位介绍总体进度计划安排，并从人员、材料设备、检测仪器、机具设施、质量控制、方案、文明施工、安全生产、廉政建设九个方面介绍施工准备情况；总监理工程师对施工单位的陈述进行评价；建设单位代表明确开工条件，并提出工程目标要求；总监理工程师明确监理工作程序；其他议程。

16. 审批开工申请

监理工程师应要求施工单位提交分项、分部工程的开工申请，在合同规定的时间内按 JTG G10 中第 5.1.1—5.1.6 条规定，审查其是否具备开工条件，确定是否批复其开工申请。

17. 签发开工令

（1）监理工程师收到施工单位提交的工程开工申请后，应对合同工程开工条件进行核查，对已具备开工条件的由总监理工程师签发开工令，并报建设单位备案；

（2）对于重要的或复杂的单项工程开工，由施工单位提出“单项工程开工申请报告”，由总监理工程师会同建设单位代表审批后，下发开工令。

四、文件资料管理准备

1. 文件按照产生部门、文件类别、产生时间、序号等分级方式，授予每一份文件唯一标识号。总监办的文件或报告要有印章和签字，要及时收集和办理相关的资料，每份资料都留底并作好记录。

2. 监理资料内容、格式应按业主统一要求，真实、及时、准确、可靠、完整进行归档整理；填写要认真、整洁、规范；审批意见与签认要规范、齐全。

3. 监理机构设专人负责文件与资料的日常管理工作，确保统计及时、准确、真实；建立健全监理文件与资料日常管理制度（文件阅办制度、签发审批制度、日常保管和借阅制度），并应根据工程建设需要建立文件资料的计算机管理系统，对文件资料进行管理；监理工程师应建立材料、试验、测量、计量支付、工程变更、安全、环保等各项台账；监理文件与资料应及时整理，分类有序、系统、完整、妥善存放和保管。

4. 检查督促各施工单位按业主文件资料归档的统一要求，做好文件资料的收集、整理、归档、管理等一系列准备工作。

五、监理的安全、环保、廉政工作准备

1. 建立安全管理、环保、廉政保证体系组织机构。

2. 组织监理人员开展安全、环保、廉政培训教育。

3. 进行安全、环保技术交底。

4. 各级监理人员与公司签订安全、廉政责任书。

5. 监理人员配备安全防护设施及劳保用品。

6. 检查施工单位安全、环保、廉政管理保证体系及组织机构建设情况；督促检查施工单位做好安全、环保、廉政以及教育、培训、考核、交底工作；督促检查施工单位安全设施和劳动保护用品配备情况；施工单位人员、工地保险手续办理情况等。

结论

多年来在不同机电工程施工准备阶段的监理工作中，用此监理要点和工作程序开展监理工作，均取得了非常明显的施工监理管控效果，并通过不段完善取得了更好的施工监理成效。充分说明在施工准备阶段，及时发现和排除影响后续施工阶段工作的问题和隐患，对施工阶段可能出现的问题和缺陷作出预测、预控，用规范化、精细化、标准化进行机电施工准备阶段监理，为机电施工阶段的工作开展作好充分的准备，打下良好的基础，扫清重重障碍，是机电工程施工阶段安全、质量、进度、费用、环保目标必不可少的重要保证，对于顺利开展机电工程施工阶段监理工作，做好机电工程施工阶段的安全、质量、进度、费用、环保目标的监理控制工作，具有极其重要的意义。随着机电工程施工准备阶段监理要点、内容和工作程序的进一步完善和优化，将取得更为明显的监理控制和管理效果，为进一步提高机电施工阶段监理工作的质量和水平将起到更为积极可观的提升作用。

浅谈大跨度、大吨位钢连廊液压整体提升监理控制重点

郑州中兴工程监理有限公司　刘天煜

摘　要：本文以具体工程为例，从钢连廊施工制作、拼装、提升准备、提升过程几个部分，阐述大吨位大跨度钢连廊液压整体提升监理控制重点。

关键词：大吨位　大跨度　钢桁架　液压　整体提升　监理　控制重点

某工程建筑面积 119695m²，建筑高度为 91.10m；地上 21 层，面积 87654 m²，以办公为主；地下 2 层，面积 31804 m²，以车库、餐饮为主；外装饰为玻璃、石材幕墙。地上两座塔楼采用钢筋混凝土框架－核心筒结构，在 18 层到屋面层高度范围内采用 5 榀钢桁架及连系梁组成钢连廊将东西两座塔楼连接在一起，形成大跨度对称双塔连体建筑造型。每座塔楼平面呈“七边形”，其钢结构工程颠覆了传统意义上的设计理念。钢连廊为 5 层结构，外侧最大跨度达 57.0m，中间最小跨度为 22.9m，总重量约 1500t。为了实现对大跨度钢连廊桁架结构的有效支撑、拉结和约束，两座塔楼从 18 层至屋面层局部框架采用型钢混凝土结构，型钢重量约 880t，预埋 64 根钢牛腿梁、斜腹杆。钢桁架以在地面整体拼装、4 台大吨位（500t）千斤顶液压整体提升、在 69.05 ~ 90.65m 高空就位连接的方式施工，构件变形、高空对接精度等控制要求高，施工难度大。利用 BIM 技术对钢结构连廊进行地面整体组装、大吨位千斤顶整体液压提升、高空就位连接施工过程模拟。本文以 GHJ–2 提升为例，阐述施工制作、现场拼装、提升准备、提升过程监理控制重点。

钢桁架（GHJ–2）总高度 21.60m，最大跨度为 57.275m，重量约 500t，提升高度 68.5m，通过同程控制系统操作屋面上的 4 台 500t 液压千斤顶提升，提升至设计高度后与预埋在 18 层至屋面层主体混凝土中的牛腿梁、斜腹杆进行高空连接（焊接或拴接），相当于将一栋 5 层钢结构单体从地面提升至屋顶。

由于钢桁架单体重量大、分段数量多，如何控制整体应力应变、保证连体钢结构拼装质量和整体同步提升过程安全顺利，为本工程钢结构施工的重点、难点。建设大厦监理部团队从以下几个阶段均做了精心安排，保证顺利提升。

一是在钢构件加工制作阶段：安排专人进驻加工厂监督检查原材料质量、构件加工精度、焊接质量、构件除锈及涂层质量，确保构件加工精度和焊接质量。本阶段控制重点：桁架所用钢板多为

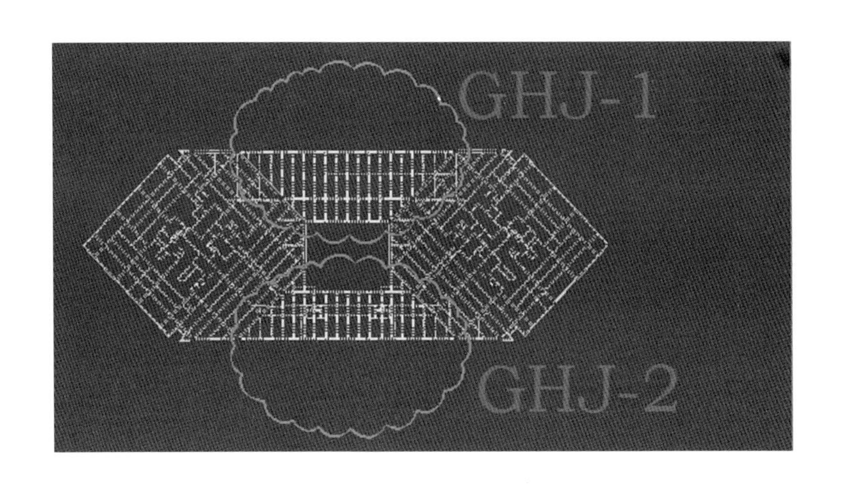

40mm、50mm、60mm厚板，厚板焊接变形控制尤为重要。较大焊接变形如用H型钢翼缘矫正机矫正，会将翼缘板造成明显压痕且需经多次矫正。该工程厚板H型钢T型接头全融透焊缝全部采用二保焊两面先打底，控制热输入，再上埋弧焊对称焊接，打底和焊接过程上下翼缘板先加撑拉条板约束变形。复杂节点制作从焊接顺序、焊接道数、控制焊接电压电流、对称施焊及适当约束几方面控制，从而控制变形，保证制作精度。

二是现场拼装阶段：每天对拼装作业进行巡视检查、验收，多次组织召开专题会议和现场会议，从构件定位校正、折线形起拱高度复核、高强螺栓连接终拧复查、二氧化碳气体保护焊焊接检查等每道工序均严格验收程序，保证了各连接点定位精确，为整体提升和就位后高空精确连接打下坚实基础。本阶段控制重点：带牛腿钢骨柱的制作、测量定位、与混凝土的浇筑过程都会造成最终塔楼伸出的牛腿空间位置偏差，为保证桁架提升上去与各层牛腿空间对位精确，就要在桁架拼装过程以已安装牛腿空间数据调整拼装数据进行拼装，保证牛腿端头与桁架端头杆件坐标X值、Y值、Z值全部对应。本工程采用测量机器人用极坐标法测量了所有伸出牛腿端头的实际空间数据，并与理论数据进行比对，确认不超过规范允许偏差后（如超差对牛腿进行复位矫正），以实际空间数据进行钢桁架拼装。拼装过程桁架最外侧杆件等中部杆件拼装焊接完毕再测量数据进行车间最终长度截断，螺栓连接腹板连接板打一侧孔，另一侧安装时现场测量数据台钻打孔，保证钢桁架拼装精度。

三是提升准备阶段：召开专题会督促要求施工单位落实各项准备工作完成情况，监督检查提升设备（液压千斤顶、钢绞线、同程控制系统等）安装及调试、变形监测设备安装及调试工作，并制定了“提升令”审核流程，将各项工作细化具体落实到责任人，并要求一一签字确认，确保万无一失，经我监理部逐项检查落实各项工作都已准备到位，经总监签发提升令后，方允许提升作业。本阶段控制重点：在两塔楼各设置两台500t液压穿心千斤顶、一个泵站，两塔楼通过数据线共用一个计算机控制室。（不用无线主要为了防止信号干扰）千斤顶提升自动同步高差控制在10mm以内，提升速度每小时8m，单个千斤顶可手动控制提升，每次提升可单个每0.5mm高度控制。开始试提升前对钢绞线进行逐根预紧，并分级加载，提升加载依据计算数据按照20%、40%、60%、70%、80%、90%、95%、100%的荷载比例分级加载。提升离地80mm，静止观察24h，严格按照《变形监测方案》及设置好的应力应变监测点监测桁架应力应变情况。保证实际应力应变在计算范围之内，上下吊点、钢绞线、千斤顶及控制系统观测无异常开始正式提升。

四是提升阶段：监理部以总监为首，全体监理人员分五组（安全检查组、测量检查组、同程系统检查组、变形监测检查组），从提升开始全过程旁站监督检查，为钢桁架整体提升提出专业意见，帮助施工单位解决提升过程中出现的各类异常情况，确保GHJ-2顺利提升就位，标高、轴线偏差和整体应力应变均在允许范围内。本阶段控制重点：整个提升过程施工单位设置总指挥一人，提升前开会统一部署，千斤顶专人控制，各楼层对接点安排观测负责人，对讲机实时通话，提升过程四个吊点下部安排四个人用激光测距仪监测提升同步情况（如偏差超过10mm，总控进行单个千斤顶微调精平后同步）临近牛腿对接50mm位置千斤顶采用手动以厘米单位微调，最终以毫米单位进行单个千斤顶微调精确对准，数据以每个吊点六层实测对准数据偏差值平均确定。提升对位后进行腹板螺栓连接，错开端头依次进行翼板焊接，再进行千斤顶卸荷和临时杆件拆除完成。

通过本次钢桁架提升全过程监理，项目监理部全体人员从中得到很好的学习锻炼，本次钢桁架（GHJ-2）顺利提升后，项目监理部认真总结本次提升监理工作经验，分析提升过程中尚需进一步完善的工作事项，为今后类型钢结构工程监理，积累了宝贵的技术和组织管理经验。

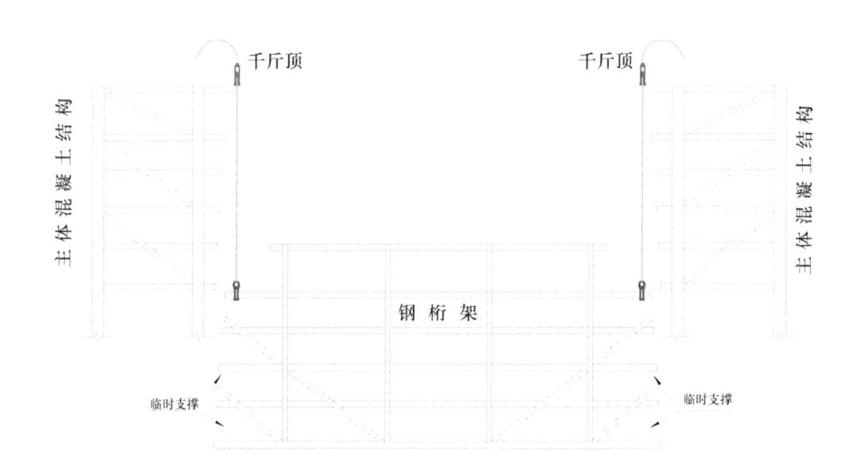

浅谈围堤工程监理的质量控制

北京希达建设监理有限责任公司　孟庆一

摘　要：介绍国投湄洲湾石门澳陆域填海一期工程的监理工作，浅谈围堤工程的主要施工工艺和质量控制要点。

关键词：围堤工程　监理工作　结构特点　工艺流程　监测

一、工程概况

国投湄洲湾石门澳陆域填海一期工程位于福建省湄洲湾北岸石门澳区域，属于正规半日潮，强潮海区，设计高水位 7.35m（高潮累积频率 10% 水位），设计低水位 0.78m（低潮积累频率 90% 水位），拟建区域高潮时整场被海水淹没，低潮时湾内大部分区域露出水面，场内有大块海产养殖区域受干扰度大。湾内土层地址复杂，淤泥层较厚，大部分处于流塑状态且土质承载力差。

二、围堤工程结构特点及施工工艺流程

1. 结构特点

围堤工程采用斜坡式护岸结构，包括地基处理、堤身、外坡护坡、护底、内坡护坡、吹填挡堰、临时道路面层及挡浪墙等分部工程。地基处理采用换填砂 + 两侧充填管袋棱体 + 插打塑料排水板的复合结构，堤身采用堤心石的结构，外坡护面采用块石护面，内坡设混合倒滤层，堤顶路面铺设泥结碎石路面及现浇混凝土挡浪墙。

2. 施工工艺

地表清杂→基槽换填中粗砂→铺设土工格栅→施工两侧充填管袋棱体→施工护底块石棱体→回填中粗砂→水上插打塑料排水板→分级抛填块石→施工内坡倒滤层→铺设外坡土工布→抛垫层石→安装块石护面、现浇挡浪墙→施工临时道路。从施工结构及施工工艺流程的角度上看，施工比较简单，但从工程管理及控制上看，受人（管理人员、技术人员、作业人员等）、材料（土工材料、块石等）、机械设备（绞吸船、运砂船、装载机等）、方法（施工方案、管线设置等）、环境（地形、地质、潮汐、风浪、天气等）五大因素的影响。

三、围堤工程的监理质量控制要点

围堤工程的质量控制从监理方的主要控制点在地基处理工程中插打塑料排水板、堤身工程的堤心石回填及外坡护面工程的块石棱体的施工过程质量控制，从工序、原材料、质量检查，进行全方位、全过程的监理质量控制。

1. 地基处理工程

国投湄洲湾石门澳陆域填海一期工程大部分地区淤泥层较厚，其压缩性好、稳定性差、透水性差，强度及承载力比较低。采用换填垫层砂 + 两侧充填管袋棱体 + 打插塑料排水板固结软基等方法

进行处理，是处理软基地基最有效方法之一。这种方法的主要原理就是利用塑料排水板竖向排水，使土体孔隙水排出，逐渐固结，地基的抗剪强度增加、地基承载力及稳定性得到提高。在石门澳填海一期工程中地基处理采用的这种塑料排水板加载预压的方式取得了较好的效果。

地基处理工程施工过程的监理质量控制有以下几点：

（1）对现场使用换填砂、管袋、塑料排水板等材料进行检查及抽样送检，待出具试样报告合格后方可允许施工单位使用。

（2）基槽开挖主要复核开挖深度、基槽底宽界限、底部标高、开挖边坡等按设计要求进行。

（3）回填砂垫层利用抛砂船在水上进行，砂垫层必须均匀连续，而抛砂船受风浪、水流、潮汐等的影响，对施工质量的控制造成一定的影响。这要求施工单位采取必要的措施来达到质量要求：如控制抛填间歇时间，尽量做到不间断抛填，陆上机械及时整平从一个方向进行推进。质量控制点包括：砂垫层的砂体质量、垫层顶标高、宽度等对其允许偏差严格控制。

（4）两侧充填管袋棱体趁低潮进行充填，作用是防止砂体流失，质量要求：袋体土工织物质量、接缝，袋体分层施工长度、厚度、饱满度、铺设方向、搭接缝、顶面高程、轴线偏移等满足设计要求。

（5）塑料排水板施工是本工程基地处理最重要的施工过程，也是监理质量控制的重点之一。

施工准备阶段监理工作包括：确认验收完上道工序，对施工放样资料进行复核，对进场材料的质量核查及见证送检平行取样试验，对进场机械设备的审查，对施工专项施工方案及质量保证措施的审批、编制监理实施细则。

施工阶段监理工作包括：复核现场放样数据，特别是对排数、间距、边线的检查，检查施工质检人员是否到位，插打作业时进行全过程的旁站，并同时要求质检人员到位，检查施工进场材料的检验报告，旁站过程中记录排水板型号、插打桩号、插打深度、平面偏差、垂直度、回带长度、搭接长度等数据，并做好监理旁站记录，适时抽查进场材料数量、现场实际插打数量及设计要求工程量的对比，插打过程中随时观察套管的插打深度，看其带出土质是否为好土层，如已插打设计标高未到好土层上报监理工程师，决定其处理原则，插打排水板时严禁出现扭结、断裂和破膜等现象。

小结：通过监理的质量控制，取得的效果良好，地基承载力得到提高，沉降量减少，取得良好的经济效益。

2. 堤身工程

堤身的施工采用堤心石结构，采用水抛、陆抛结合，分层填筑方式进行。堤身工程的施工质量在监理质量控制中是非常重要的一个环节，它不但在投资控制中占非常大的比例，也是围堤工程安全功能、使用功能、耐久功能的保证。

该部分工程监理工作的质量控制在以下几个方面：

施工前阶段监理的质量控制：审查施工单位专项施工方案，对石料料源质量进行取样送检，合格方可使用于施工，施工前排水板的预压施工间歇时间应足够。

施工阶段监理工作质量控制：现场复核放样尺寸，对进场石料规格、含泥量等监控，堤身的堤心石填筑应根据现场监测数据严格控制回填的速率，分级回填标高考虑沉降量，当监测仪器显示沉降数据异常较大应要求施工单位减缓施工强度，沉降数据变化特别大时要求施工单位暂停施工。堤身工程质量受基础工程影响特别明显，回填砂不均匀、基础排水不畅、施工间隙时间不够，分级回填厚度过大等都是导致堤身异常沉降的因素。水上抛填应根据水深、水流急、波浪等自然条件对块石产生的影响确定抛石船驻位，陆上抛填时根据地基承载力、水深和波浪影响分层抛填，石料抛填分为船抛和车运立抛。车运立抛基本是由施工的开始部位延大堤前进方向分层抛填推进，一般在高潮位或低潮基本不能露滩的情况下采用船抛。由于涂面的淤泥承载力很低，含水量大，加载过程中容易导致两侧淤泥上涌或滑坡产生，分层加荷厚度按照设计要求：基础面第一层抛填约 1.5m ~ 2.5m 厚，控制沉降速率小于 10mm/d 才能够继续加荷。加强稳定和沉降观测，现场施工时应严格控制加载高度，以尽量避免因抛填产生堤身的坍滑和位移，做到及时发现问题及时处理。质量控制点：块石质量、分层筑填厚度、施工间隙时间、及时核查监测数据、堤身标高、堤宽、边坡等。

小结：堤身工程监理质量控制不仅仅要从表观尺寸、综合观感的外观质量进行控制，更应加强从内在控制如对工序质量、材料质量、标准化的施工的控制，内外结合才是实现监理质量控制的有效保证。

3. 外坡护面及护底工程

为防止风浪及潮汐的冲刷，海测堤边采用铺设土工格栅 + 无纺土工布 + 块石垫层 + 块石护面 + 块石棱体的护堤复合结构。

施工前阶段监理质量控制工作：检查上一工序验收情况，对进场土工材料及石料见证送检及平行取样，对施工单位放样尺寸进行复核，审查施工方案施工机械设备情况等。

施工阶段：审查材料的检验报告，每日巡视检查工序质量，出现质量问题及时要求施工单位整改，实行“三检制”，即施工单位自检、互检、专检合格的基础上报监理部，监理验收合格的基础上方可进行下道工序施工。在该部分施工中监理主要控制点在：土工材料及石料质量，断面形成尺寸的标高、宽度，石料抛填速率等。

小结：该部分施工工序交接较多、连续性强，受现场地质条件、现场作业人员操作水平、材料运输等原因影响，同时该部分施工也是围堤的饰面工程，外观的质量影响着围堤整体形象，突显监理质量控制的重要性。

4. 安全监测

监测工程是为了有效预防地基和堤身发生滑动或产生过大位移变形，确保施工安全和使用要求，包括分层沉降、深层位移、孔隙水压力、测斜等监测内容。监理监测质量控制点包括检查监测设备平面或断面布置依照有关监测施工图进行埋设。检查监测设备质量，检查监测设备埋设时间是否及时，面层沉降板和测斜管在回填砂之后插板之前进行埋设，孔隙水压力计在塑料排水板打设完即埋设，插板段围堤位移边桩在堤身施工水陆抛分界线标高时进行埋设。及时查看监测报告，根据监测报告要求施工单位整改。监测预警值：堤身水平位移小于5mm/d；堤身沉降应小于10mm/d；测斜最大位移应小于5mm/d；排水板深度范围内，孔隙水压力增量控制值为35kPa。加载间歇时间的控制应满足孔隙水压力的消散率达到50%。

小结：监理对监测的质量管理是否到位，关系到监测数据对主体结构安全施工能否起到很好的辅助作用，为施工和设计提供技术支持，便于指导施工。

四、结语

本项目监理工作根据这些质量控制点严格把关。严格按工艺流程施工，把握好工艺间歇，及时根据按照观测结果进行分层逐级加载。充分发挥排水固结法在围堤工程施工中的作用。施工单位必须认真进行技术交底，监理人员严格工序检验，加强旁站和巡视。既保证工程质量同时也降低工程成本，取得良好的经济效益和社会效益。

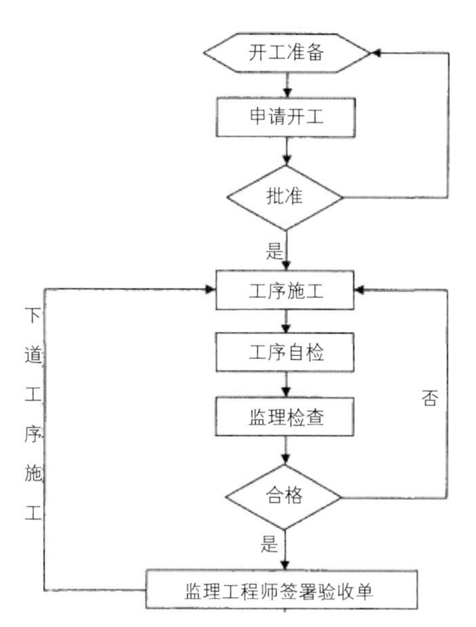

验收程序图

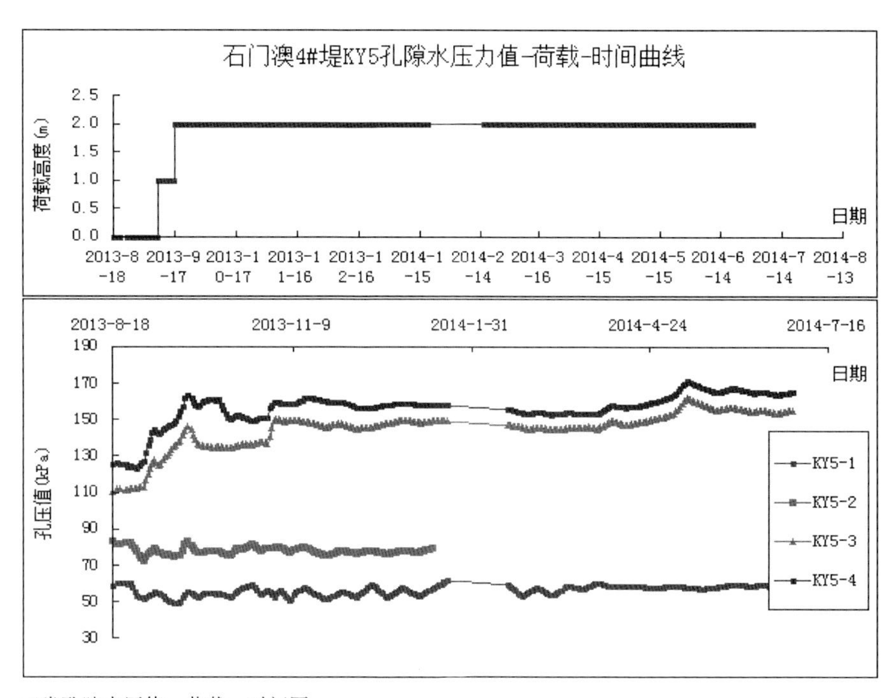

正常孔隙水压值—荷载—时间图

地下车库排污系统设计和安装的监理

苏州东大建设监理有限公司　王俊

摘　要：本文主要论述了地下车库因排污系统设计不合理和使用故障而致使车辆被淹的原因，并结合自身监理工作实践，提出了预防此类事故发生的建议和措施。

关键词：地下车库　排污系统　改进

在我们所建设的房屋建筑工程或市政公用工程中，地下车库已经逐渐成为必备的配套设施。然而，近年来屡有小区地下车库因为排污系统没有正常发挥作用而被淹的消息，身为监理从业人员，对此常引为憾事，颇觉在设计、施工、监理的过程中或许存在着缺失或不足。如何避免类似的事故再次发生，监理人员又如何在施工过程中把好排污系统设计和安装质量关，这是实实在在摆在我们面前的问题。下面分析导致故障的原因和应该采取的对策。

一、导致故障的原因及应采取的对策

1. 排污泵控制箱缺电

当排污泵需要工作时突遇停电或雨水进入控制箱导致跳闸（媒体报道的原因之一）。因此，排污泵控制箱的电源线管如果有裸露在室外的，应将管口朝下，并妥善封堵，采用二路电源供电并在排污泵控制箱内自动切换，常用与备用泵转换开关应常置于“自动”档。

2. 止回阀失灵

如图所示，闸阀 ZF1 与 ZF2 都开启，D1 排污泵工作时，当止回阀 ZH2 有异物卡住时，水流流出闸阀 ZF1 后出现两条支路，一路排到雨水井中，一路经闸阀 ZF2 与不能关闭的止回阀 ZH2 回流到集水坑中，显然，回流到集水坑一路的压力来得小，出现集水坑中的水一直经泵 D1、止回阀 ZH1、闸阀 ZF1、闸阀 ZF2、止回阀 ZH2、集水坑、止回阀 ZH1 循环，水无法排出。实际使用中有人已经意识到会有止回阀关不死的情况出现，因为已经安装到位，改造又困难，人们只能无奈地将常用的泵（D1）上面的闸阀 ZF1 打开，而将备用泵 (D2) 上面的闸阀 ZF2 关闭，水流经 D1 抽出，通过止回阀 ZH1、闸阀 ZF1 流入雨水井。在常用泵 (D1) 正常的情况下排污应该能正常进行，但一旦常用排污泵

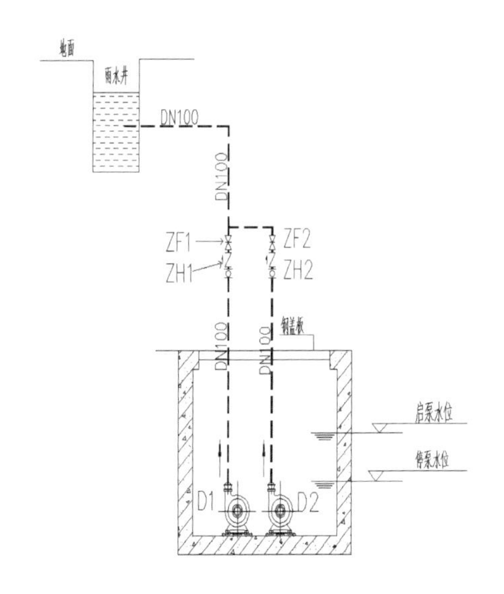

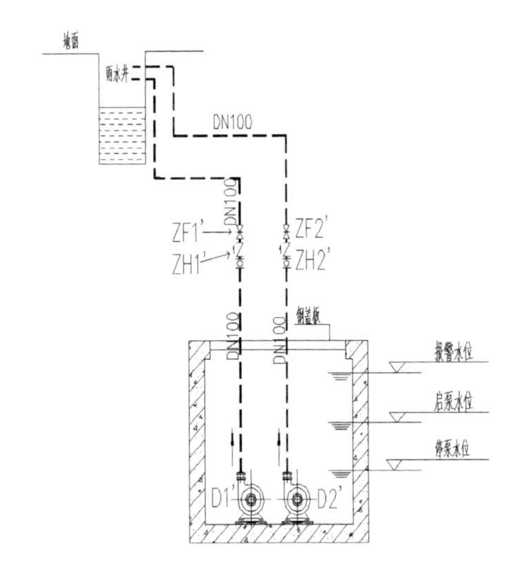

(D1) 过流保护动作时，即使自动转换到备用泵 (D2) 工作时，由于备用泵上面的闸阀 ZF2 处于关闭状态，污水也无法排除。因此，在这种状态下排污泵只能手动控制，需将闸阀 ZF2 打开，闸阀 ZF1 关闭，而手动转换模式有可能耽误时间（故障时无报警信号，不能被发现）。鉴于以上情况的存在，因此笔者建议在雨水量大的车道出入口采用“一备一用”的方式，将二个排污泵单独排列（见图），避免因止回阀异物卡住导致污水回流到集水坑中，同时止回阀门应采用性能可靠的旋启式止回阀门，避免异物卡住。

3. 接入雨水井高度不合适

接入雨水井的压力排水出口低于雨水井水位。当止回阀中有异物卡住不能关闭，排污泵停止工作时，雨水井中的水倒流进集水坑，当集水坑水位到达启泵水位时，排污泵又重新启动，造成反反复复无法停止。解决方法：尽量抬高压力排水出口在雨水井中的位置（见图），这样，即使止回阀中有异物卡住，只要雨水井水位低于压力排水出口，雨水井中的水也不至于倒流到集水坑中。

4. 除了排除上述导致故障的 3 个因素外还应做到以下几点

（1）报警监测手段。图中在集水坑最高水位以上设置报警干簧管感应触点，通过消防报警系统采集报警信息，将超水位故障信息第一时间传至传达室，或者采用独立的 GSM 短信报警装置，将停电、来电及超限水位报警信号，通过预置的短信提示内容，发送到特定的手机上，通知维护人员到场维修。

（2）在施工和运行过程中还应该注意以下事项：排污泵安装时不能过分贴近坑底，由于排污泵的吸力大，一些石子会被吸入管道内，增加止回阀被卡住的概率。正确的做法是排污泵与坑底应保持一定的距离。定期清除集水坑残留的异物，有条件的应对排污泵进行定期维护保养以及试运转。

（3）车道入口处排水沟与地面雨水井应保持畅通，车道入口处的挡水坡不能缺失，并应达到设计高度，进入车库的电缆及给水管道应封堵好，从源头上减少流入地下车库的水量。

二、监控实例

分析了以上导致地下车库被淹的原因后，在笔者担任项目总监的苏州市吴中区郭巷街道尹山湖经济服务中心 1 万 m^2 地下车库项目中，征得业主方同意后对原设计方案进行了优化调整。具体方案为：

因尹山湖经济服务中心变电所设于地下车库内，设计中已把排污泵定为一级负荷，采用二路高压供电，在排污泵控制箱（末端）进行切换，电缆通过桥架经明配线管进入控制箱，控制箱底边安装高度为 1.5m，所有配电线路均未经过室外，雨水无法进入控制箱，消除了因缺电而导致的排污泵无法启动的可能。

两台排污泵改用单独接入雨水井的方式（如图所示），泵 D1'、止回阀 ZH1'、闸阀 ZF1'、雨水井和泵 D2'、止回阀 ZH2'、闸阀 ZF2'、雨水井构成两条独立的排水通道，并将出水口设置在雨水井的顶部，避免因止回阀故障而导致的倒流以及排污泵停泵时的回流。在两个汽车坡道的集水坑排污泵止回阀采用性能可靠的旋启式止回阀门。

为了排除排污泵故障及人为关闭时不能被及时地发现，在排污泵启动水位以上增设超限水位报警控制触点，因为消防主机具有 UPS 后备电源，即使在全部停电的情况下，也能将超限水位报警信息传递到传达室，从而及时通知维护人员排除故障。

以上是笔者在从事安装监理工作中，为杜绝地下车库因排污不及时而被淹而所作的一点总结和思考，与同行探讨。

海外工程项目管理案例

上海宝钢工程咨询有限公司　梁长忠　林振云

摘　要：结合越南某冷轧工程项目管理案例，归纳总结在海外项目的管理和监理中人员配备、组织机构设置、法律环境、发包模式及对专业人员配置需求等，作者从质量、投资、进度、安全和合同等五管理角度就项目管理发展提出一些借鉴，以期引起业内外及开展海外项目管理决策者的思考。

关键词：项目管理与监理　项目五管理及其差异　体会和思考

一、项目概况

1. 项目介绍

2010 年，受中国台湾和日本某合资公司的委托，我公司对越南的某冷轧机组综合项目进行项目管理和施工阶段监理服务。 该冷轧机组综合项目位于越南巴地头顿省（Ba Ria–Vung Tau），年产 120 万 t 优质冷轧钢卷，总投资 11.5 亿美元。生产机组有串行式冷轧机和酸洗机组、退火和涂层机组、连续退火机组、检查机组、重卷机组和两个包装机组。由于该项目是公司承担的第一个海外项目，公司专门成立了直属越南项目部，由公司管理和技术专家定期召开越南项目管理推进会，解决项目碰到的各类问题，越南项目部借鉴宝钢多年积累的项目管理经验，并结合海外项目管理的特点，对该项目的安全、质量、进度、合同等进行有效管理，使项目目标实现，工程顺利投产。

2. 工程标段划分和发包模式

业主方设置工程管理有关部门及相关专业管理人员，如土木管理部门对厂房建筑和设备基础全过程管理，负责编制标书，招标、发包、施工管理、工程款审核到竣工验收。发包模式采用台湾总部管理的模式；在台湾，建筑市场有限，没有像大陆冶建公司规模那么大的施工单位，因此，标段划分小，土建、设备分开发包，同一个厂房内的土建工程，又细分成不同标段，如主厂房、设备基础、主厂房内的辅助小房分属不同标段，这样，界面多，协调工作量大。施工合同有 EPC、总价和单价三种形式。业主根据以往冷轧建设经验，自己布置全厂平面图，主产线设计分别由两家成套设备供应商负责工艺设计和设备基础设计，在设备安装阶段派出 SV 对设备安装进行检查和验收。

3. 越南项目部人员组成和组织机构

根据咨询服务合同要求，我公司配备了安全、计划、合同、材料、CAD 、土建、钢结构、测量、机械、电气、仪表、耐材、管道、文件管理等共 19 个岗位 52 个各专业监理工程师赴越南工作，公司本部专门成立越南项目管理组和专家组提供远程后台支撑服务。越南项目部监理人员分为项目管理和现场监理两大部分，现场监理部分则根据工程进展情况分成若干监理组，每个监理组由小组负责人、土建，钢结构、电气，机械等专业组成，高峰期间同时在现场人数达到 42 人。组织机构如下图。

要做好项目管理工作，首先要解决人力资源问题，为此公司领导从以下四方面着手解决这一问题：

（1）从公司内部选派具有冷轧项目管理经验的监理人员。

（2）从集团公司借调既懂工程管理又懂外语的人员。

（3）与其他技术合作劳务公司签订合同，从公司外部选派专业人员。由于在短时间内需要许多土建和钢结构等专业人员，公司同具有多年派遣海外技术人员经验的管理公司合作，管理公司将推荐的候选人资料传给越南项目部，由越南项目部负责人通过网络面试应聘人员。

（4）在当地招聘人员。越南项目部及时联系当地的中资公司和人才中介，招聘懂越语的中国籍工程师和懂汉语的越南籍华人。这些人员熟悉越南的工程建设管理，既懂中文又懂越文，可以用越语与当地施工人员进行交流。在这些人员中，如果是中国籍的，就与协作的劳务公司签订劳动合同，若为越南籍，则通过集团派驻越南分公司签订技术服务合同，这样保证了用工的合法性。

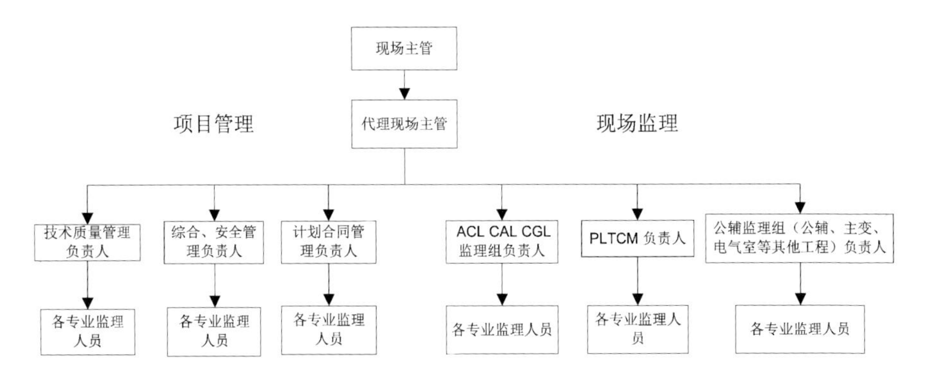

二、项目管理

1. 质量管理

（1）项目实施前，公司总部召集各方面专家，编写了《项目实施方案》，施工前，监理人员积极做好工程前期的准备工作，在熟悉图纸等设计文件、工程地质勘察报告和《项目实施方案》的基础上，编制了《监理实施细则》。

（2）质量验收标准的确定。对于外资项目，除了消防和特种设备外，越南安全和质检部门不到现场进行检查，完全由业主和监理进行检查和验收。越南冷轧项目设计和施工承包商来自多个国家的多家单位，监理和业主需要确定采用哪些验收标准对工程进行验收。根据工程所在地在越南、土木施工人员大都是当地人的这一特点，监理与业主商量后，决定土木工程采用越南国家验收标准和质量验收表格。并要求越南施工企业提供全套的验收表格，监理公司则将有关验收规范和表格翻译成英语和中文，供业主和监理使用。由于钢结构制造分包商都是外资企业，制作采用美国标准，安装验收采用美国和欧洲标准。设备安装则采用日本设备制造商提供的安装验收标准。

（3）审查承包商提供的设计及相关技术文件。项目前期，审核 3600 多张设计图纸。

（4）审批承包商报送的各施工阶段的施工组织设计、施工技术方案、施工质量保证体系等并提出审查意见。

（5）负责检查特殊工种施工人员是否持证上岗，施工机械、设备仪器等是否符合要求。

（6）对进场工程材料、构配件和设备及其质量证明资料进行审核，并对进场的实物按照有关规定的比例采用见证取样方式进行抽检。此外根据业主的规定，要求承包商提供所有钢材的无辐射证明。除了钢材制造商提供的无辐射证明外，有些钢材无厂家提供的无辐射证明，监理则要求承包商请具有二级以上 NDT 证的合格人员带检测仪器到现场检测，通过检测，所有钢材均不含辐射物。

（7）组织有关单位进行工程交工验收。督促承包商对合同文件、工程技术资料进行收集、整理、归档，检查承包人的工程技术资料，提出验收意见。工程项目建设完成后，在使用前，业主要办理完工申请，办理完工申请需要提供 3 部分文件：投资、施工准备文件，地质勘探报告和设计图纸，以及工程施工和验收资料。

（8）对施工过程中出现的质量缺陷，监理工程师及时发出《监理工程师通知单》、《监理工作联系单》要求承包商组织整改，本工程共发出 228 份《监理工程师通知单》，222 份监理工程师联系单，工程会议 415 次。对于施工中出现的质量缺陷，施工单位都进行了整改，整改后的质量符合设计和规范要求，本工程没有发生重大质量事故。

2. 投资管理

（1）越南项目部的每个专业人员首先要熟悉图纸，并按照施工合同和设计图纸要求，计算工程量。每月审核承包商申报的工程款时，专业管理及监理首先要对其负责范围内的工程量进行审核。

（2）每月对承包商提交的工程量进行审核，根据在现场了解情况确认工程量。及时建立月完成工程量和工作量统计表，对实际完成与计划完成量进行比较、分析。

（3）严格审核竣工结算，为业主节省投资。产线设备基础单价合同，按实际数量进行结算。管理（监理）人员在审核工程量期间，派专人进行认真审核，公司总部还派出具有丰富审价经验的造价工程师到越南项目部进行审核和指导，经过多次审核，核减了承包商多报错报的数量，为业主节省了880万美元。由于管理（监理）人员认真地计算复核每项工程量，现场监理计算结果作为业主的结算依据。

3. 安全管理

（1）在安全管理上，借鉴宝钢一些单位的成功经验，结合海外项目实际情况，实行“日巡检、周联检、月总结”。即每天早上对工地进行安全巡检，并将发现的问题用照片记录下来，编写安全巡查记录，发给各承包商，要求承包商整改；每天下午检查问题整改的情况，每周二监理会同业主组织联合安全检查，检查人员分专业到各工地进行联合安全检查，对查出的问题拍照记录，先在现场进行点评，随后以书面形式发给各承包商，要求在本周内整改完毕；每月召开一次安全月度会议，主办部门处长、各总包项目经理和安全经理参加，监理分析本月安全情况和介绍下月安全管理重点，各承包商分别介绍分析下月的危险源和采取的相应预防措施。

（2）审查施工单位上报的《安全施工方案》，并督促施工单位严格按批准的方案要求实施。对总包和分包单位进行资质审查。严格管控分包，对分包单位资质、业绩、安全管理制度、人员机械持证上岗审查确认。督促和检查总包单位对施工人员进行三级安全教育，现场安全管理告知，每日班前安全技术交底。

（3）定期开展专项安全检查。根据工程进展，相继组织开展对现场施工用电、消防、高空作业、易燃易爆气体、施工机械、外架搭设、承重支模架搭设、打桩和土建作业区安全、现场环境卫生进行专项重点检查，发现安全隐患及时签发安全《监理通知》，对于有重大安全隐患的，及时下达《停工令》，并督促施工单位及时整改，施工单位整改完成后进行严格复查，安全隐患消除后方同意施工方进行后续工程作业，完成预定安全监理目标。

4. 计划管理

（1）计划管理组每周收集各部门进度数据，编制周进度报表，提供给业主高层领导，以此作为进度控制的依据。

（2）对照施工进度计划检查现场的实际进度以及下一步的施工准备情况，并在每周的监理例会上报告计划的执行情况，对于进度滞后的子项，分析落后原因，提出改善要求。通过绘制进度前锋线，检查各项任务的实际进展情况。

（3）由于本项目土地交付进度严重滞后，造成了设备基础和主厂房的施工进度滞后，而业主要求的设备安装进度要求没有改变，设备安装在土建、钢结构尚未全部完成时就进场安装，造成分别属于不同施工单位的主厂房钢结构吊装和工艺钢结构吊装的工序搭接时间过长，在施工空间上存在交叉。两家施工单位为了各自的进度目标，在施工区域的分配上互不相让，不时出现交叉作业的情况，为了保证施工安全，监理把施工区域按厂房柱列线分割成小的区段，每天召开进度协调会，根据两家施工单位在现场的实际工作内容，合理分配施工区段，最终形成双赢，既保证了主厂房按赶工节点完成，又没有影响工艺钢结构的吊装进度、炉区设备的安装按计划实施，从而保证关键线路上关键工作的节点。

（4）在进度管理模式上，业主的日方管理人员曾在主厂房施工中推行日本的进度管理模式，要求施工单位把进度按每天的施工内容进行编排，并严格执行。例如，进度计划要细化到每天安装多少立柱、多少屋架、多少桁架等，每天检查计划的实际完成情况，日班未完成的，要加班赶工完成。理论上，这种管理模式能够保证工程进度完全按计划实施，但是由于主厂房的施工单位为中国和韩国建设公司，他们在进度管理上的理念和日方存在差别，他们认为施工进度需要根据实际变化的情况灵活调整，机械、死板的方法容易造成人力、物力的浪费，工期按合同要求完成即可，没有必要套上过于严格的限制条件，因此，日本式的进度管理模式未能顺利推行。

5. 合同管理和其他

（1）参照我公司工程项目管理制度，结合实际情况，编制项目管理规定，包括工程施工合同范本，安全和环境管理，项目管理监理施工用表清单、施工安全违规罚款规定、临时用电安全管理规定、设计图纸管理规定、工程进度款审核办法、施工测量管理规定等。

（2）在施工合同方面，监理根据宝

钢工程建设经验向业主提供建议，如在施工招标时，由于各种原因，主厂房和主厂房内的设备基础分开招标，我们建议将这两个标段委托给同一承包商施工，以减少施工界面协调；在施工合同文本模式，监理建议在新签的施工合同中加入施工安全措施费内容、施工安全管理规定和安全违规罚款规定，这些建议被业主采纳，后续签订的施工合同都加入了这些内容。

（3）每周主持召开工程例会，请各总包单位施工经理和安全经理、业主各部门负责人参加，在安全、质量、进度等方面提出管理及监理要求，协调各承包商之间的界面施工。根据工程进展情况，每周对承包商分别召开监理例会，并根据施工界面的关系，将相关承包商召集在一起进行界面协调。

（4）严格按照施工合同和设计图纸要求处理承包商提出的索赔，多个索赔要求被监理认定没有依据后否决了。

（5）参加业主组织的各种工程专题会议，根据类似冷轧工程的经验，提出管理要求及监理意见和建议。此外，还通过监理周报形式向业主高层领导提出合理化意见和建议，多项建议被业主采纳。

（6）编写监理日报、周报和月报，并发给业主有关领导，为他们了解工程施工情况提供资料。

三、体会和感想

1. 要做好国外项目，离不开公司总部的大力支持

在国外从事项目管理和监理，首先要配备良好素质的管理和监理人员，其次是了解出入境管理规定、办理出国和国外工作证等各种手续、了解海外吃住行方面的后勤保证。前期，公司主要领导先后到越南解决国外工作证办理、签证延期、吃住行等问题。在项目进入施工阶段，公司主要领导和专家先后到越南项目部，实际考察项目施工情况，解决管理及监理工作和生活上遇到的困难，管理者和技术组定期对项目进行远程支撑服务，并对工程管理工作提出了具体要求。公司总部的大力支持，为开展项目管理和监理工作奠定了坚实基础。

2. 从事海外项目管理，派驻人员应具有专业和外语能力

监理工程师除了必须具备丰富的专业技术知识和实践经验外，从事国外项目管理和监理，专业管理人员还须具有英语书面和口语表达能力。

项目业主来自中国台湾中钢和日本住金，设计单位除了来自中国外，还来自日本、韩国、意大利、芬兰和越南等多个国家，施工单位有中国、韩国和越南等。业主规定工作语言为英语。项目的招投标文件、合同文本、技术规范等各种文件采用的语言均为英语。监理向业主和承包商发出的正式文件都要用英语书写，因此在监理合同中，业主要求每个管理及监理人员应能够使用英语进行工作交流。

3. 管理（监理）人员应熟悉常用的外国规范和标准

由于工程项目所在地为越南，业主、设计和施工单位来自不同国家，本工程中的设计和施工验收规范也采用多个国家的标准，业主在编写技术规范时，大量采用欧美和日本标准，安全和卫生规范则采用越南当地标准。为了做好工程检查和验收工作，监理人员除了要了解本国的标准外，还需要熟悉其他常用的发达国家的规范和标准。

4. 需适当配备动手能力强的高级技能人员

在设备安装阶段，两家日本设备供应商派遣SV到现场监工，他们中许多人员有丰富的安装经验，编制的安装进度计划，详细到每道工序，他们可以自己动手安装设备。对于磨床、轧机、平整机这些关键设备，都是自己动手进行精调。与国内监理人员相比，日本和德国等派出的SV动手能力强，他们大都能自己动手安装关键部件，对施工单位安装的设备进行认真仔细检查，每个人到现场都背着一叠图纸，平时也经常对照图纸检查已经安装的设备。大部分时间都在施工现场，业主非常欣赏他们的这些做法。

5. 重视合同管理

国外工程参建各方都非常重视合同管理，业主会经常按合同要求向设计、施工和监理单位提出需要完成的工作，外国承包商也非常重视按合同办事。在施工过程中，一旦向业主承诺并形成书面文件，他们一定会想办法做到，如果做不到的事情，他们一定不会答应业主要求。

无论是设计、施工、管理和监理，一旦发生争议，各方首先会先查阅合同，并按合同要求解决各方之间的争议。业主现场代表常说，合同规定的内容，承包商必须按合同规定执行，合同没有规定，就可以协商解决。管理和监理是施工合同的管理者，管理人员经常查阅这些合同，严格按照合同要求对施工质量进行验收，对承包商的工程款申请进行审核。

6. 业主派出的工程项目管理人员素质较高

由业主总部派出的负责工程项目的管理人员从项目的招投标到项目投产要全过程负责，这样就需要多面手的管理人员，与国内工程管理人员相比，他们一专多能，在项目准备阶段，熟悉招标文件

编制、招投标管理，在施工阶段对质量、安全、进度、造价和合同管理也很熟悉，除了专业技能外，英语说得也较好，到越南工作的业主人员全部能使用英语进行工作交流，没有配备一名专职翻译。

7. 大量通过邮件进行工作联系

在工程项目建设过程中，经常通过邮件解决问题，由于设计、设备供应商和施工单位来自多个国家，无法经常在一起面对面沟通，遇到工程上的问题，大都通过邮件解决，如果邮件联系还是无法解决问题，他们才会安排面对面的联络会。我们提出的让设计单位对施工单位进行设计交底，业主认为不是必须的，因为设计单位在不同国家如日本、韩国、中国和芬兰等，要让他们到越南来设计交底，不是一件容易的事情，如果有问题，可以通过邮件解决。

大量利用网络进行项目管理，从工程一开始，就设置了内部网络，图纸、设计文件、办公文件都通过网络传递。

8. 海外项目监理与国内监理的异同

海外的工程管理（监理）模式虽与国内监理有很多不同之处，但也有许多相同之处，如需对项目进行三控两管一协调。质量控制方法相同，在施工前，对设备原材料进行报验、对建材进行复检，施工后，按规范、合同和设计要求对工程进行检查验收；对合格的工程进行计量与支付，审核工程变更，对施工过程进行安全管理，根据施工合同要求，对施工进度进行控制。但海外项目管理在工作流程、管控范围以及细节上与国内监理有许多不同之处：

（1）海外的法律环境与国内不同，主要依据是技术规范和标准，海外的政府强制性规定很少，对工程管理专业人员的技术和技能要求较高。

（2）管理工作范围广，除了常规的三控两管一协调外，业主还要求监理单位对承包商的设计图纸进行审核，这里说的审核。主要是指对结构强度方面的审核，按照合同要求，管理和监理单位要审核承包商提供的所有设计文件。投资控制方面，除了审核进度款外，还要编制整个工程的结算书。

（3）监理日志经专业工程师和总监签字后，提交给业主主办部门，业主工程师和处长签字后交给业主高层领导。监理日志也是作为政府验收工程的资料之一，每周需要编写监理周报，内容包括质量、进度、投资和各类施工人员数量。

（4）只进行检验批工程报验，不进行分部和单位工程报验。实际上，当地施工企业无法理解我国的分部和单位工程划分，但他们对每一个部位都进行了报验，在报验资料中附上所在部位的设计图纸，并标出报验部分。

（5）业主技术人员在现场如发现的问题，以联系单形式发给管理（监理）单位，要求管理单位督促施工单位整改，管理（监理）复查合格后回复给业主。

（6）监理通知单和回复单合二为一，根据日方业主要求，通知单和回复单需做成一个表单，上方是监理要求承包商整改的内容，下方是整改后的情况，便于对比。质量和安全监理通知单都需附整改前后的照片对比。

拓宽项目管理新范式　提升企业核心竞争力
——西安大明宫国家遗址公园项目管理创新与实践

陕西华建工程管理咨询有限责任公司

摘　要：随着国内建筑市场竞争的日益激烈，对建设工程项目管理水平的要求越来越高。因此，管理创新已成为确保企业素质精益求精、提质增效、转型升级的重要途径。本文以西安大明宫国家遗址公园项目为例，系统论述了管理模式选择、管理机构设置、管理人员配备等内容，力求对提高企业项目管理服务水平、增强企业核心竞争能力有所裨益。

关键词：项目管理　建设工程　管理模式

监理单位创建工程项目管理企业，是工程建设领域工程项目管理专业化、社会化、市场化发展的需要，也是拓展业务领域、提升竞争实力的有效途径。

陕西华建工程管理咨询有限公司从2002年起，就先后在承接的西安紫薇田园都市项目、西安大雁塔北广场项目、重庆西部建材城项目、浐灞生态区商务中心等项目中积极探索和实践工程项目管理服务工作。尤其是在2007年10月承接西安大明宫国家遗址公园项目以来，注重管理模式创新，积极尝试和探索大遗址保护工程项目管理经验，不断拓宽监理业务领域，使企业的综合实力有了飞跃式发展；在企业由单一监理业务向项目全过程、管理一体化的转型中尝到了甜头，收获了实实在在的经济效益和众口交赞的社会效益。2011年2月23日人民日报发表专题报道《大明宫国家遗址公园：还大遗址以尊严》，文中高度评价公园的建设者们“为保护大遗址，这个特别能战斗的英雄群体抛家舍业，不计个人得失，不分白天黑夜地工作在第一线。在不到三年时间里，初步完成了大明宫国家遗址公园建设，为全国乃至世界大遗址保护蹚出一条新路，树立了标杆和典范，为西安市城市建设筑起一道亮丽的风景线”。

就这个项目，我们有不少做法和体会。

一、深入调研大明宫遗址特性，探寻最佳项目管理模式

西安大明宫遗址保护改造工程是国家“十一五”大遗址保护重点工程，是陕西省、西安市重点建设项目。作为大遗址文物保护工程主要部分的大明宫国家遗址公园项目于2008年10月启动建设，规划占地约3.8km^2，项目总投资120亿元，其中建设投资约30亿元，公园已于2010年10月1日震撼开园。

（一）管理方委派人员直接进入业主方项目管理班子，在实践中磨合与业主方真正意义上的合作共管

西安大明宫国家遗址公园项目作为大遗址文物保护工程之一，其规模、特性、功能、标准、复杂程度、管理方式等方面和以往所实施的其他类型大项目存在很大差别，项目管理面临的难题不单单是一个规模大、期望高的大项目，更重要的是如何保护和利用这样一处世界级大型文化遗产项目。该项目涉及3.8km^{2}棚户区及10万人众农村民居的拆迁安置补偿、唐代夯土遗迹的保护、文物发掘过程的展示、可逆性异型结构的安装、现代大型博物馆及美术馆的装修和展陈、风格各异的各类服务业态设

施配套、园区安防监控、生态水系、园林绿化、文体表演、环保节能、防灾避险等方面。

为解决好以上问题，使大明宫国家遗址公园项目建成后能够达到世界一流遗址保护示范水准，圆满实现申遗目标，业主方——西安曲江大明宫遗址区保护改造办公室在征询多方意见之后，主动采纳我方建议，在管理模式上进行大胆创新。在按常规委托9家监理单位之外，特别引入陕西华建管理公司作为专业项目管理单位，由双方共同委派专业人员组成遗址公园建设管理班子，为高层建设决策提供技术支撑并具体组织遗址公园项目实施。

这一管理模式既不同于监理、管理服务一体化模式，也不同于监理、管理服务平行并列模式。具体就大明宫遗址公园项目管理模式来说，就是在西安市大明宫遗址区保护改造领导小组统一领导下，由西安曲江管委会全面负责，西安市文物、考古、规划及地方政府等部门共同参与组建西安曲江大明宫保护改造办公室；再由大明宫保护改造办公室作为业主方、西安大明宫投资（集团）有限公司作为代建方、陕西华建工程管理咨询有限责任公司在业主方和代建方的委托授权下，作为项目管理方直接参与遗址公园总体管理；三方共同组成大明宫国家遗址公园建设指挥部，具体负责遗址公园的设计规划、文物勘探、建设施工、项目管理和专项资金融资等工作。

（二）设置与遗址公园项目建设相匹配的职能部门，并明晰管理机构职能

由西安曲江大明宫遗址区保护改造办公室、西安大明宫投资（集团）有限公司、陕西华建工程管理咨询有限责任公司选调人员，共同组成大明宫国家遗址公园建设指挥部（决策层）。指挥部总指挥、副总指挥分别由建设方、代建方、管理方主要领导担任。建设指挥部根据遗址公园项目管理需要，设置了工程管理部、设计管理部、合同预算部、文物保护部、综合管理部、国际交流部等6个职能部门，并配备了具有相应专业资质和管理经验的人员，具体承担本项目的管理工作（执行层）。同时由各监理单位和各工程项目承建单位项目部组成作业管理层（作业层）。实践证明，大明宫公园建设中形成的管理机制是革命创新、卓有成效的。

（三）引入具有文物保护专项资质的勘探、设计、监理、施工企业，发挥专业优势，优化管理模式

1. 组织文物监理单位在项目设计阶段介入。在大明宫遗址公园各项目设计期间，就要求委托的文物监理单位对设计全过程进行监控，确保设计方案、设计施工图符合现场地貌及文物保护要求，同时符合《文物保护法》、《文物保护工程管理办法》、《中国文物古迹保护准则》等有关法律规定，使勘探、设计单位的行为更加符合文物保护的需要，更加符合工程对象及现场的具体情况，避免勘探、设计单位用文物保护工程方案的共性模式来泛泛套用具有独特价值的大明宫遗址文物个体，确保设计大遗址文物保护工程中突出差异化、科学化的创新理念。

2. 尝试在项目管理机构中聘用专业的文物勘探、设计人员，协调、促进文物保护工程勘察、设计单位在大遗址保护项目管理中的角色转换。即由单纯的文物勘探、文物保护工程设计方向工程项目建设管理服务方的主动转换，邀请文物勘探、设计单位参与文物保护工程施工管理工作，并协助、配合各监理单位工作，以便根据文物遗存具体情况对设计作出及时调整。特别是加强对文物本体隐蔽部位保护施工过程的跟踪，尽可能提前发现设计缺陷，及时变更设计，使建设开发与遗迹保护同步协调，使遗址保护与发掘具有可持续性发展。这样，勘察、设计单位在项目实施的不同阶段担当起不同的角色，有利于从专业技术角度最有效地保护文物的后期考古发掘。

3. 对所有涉及遗址本体的工程，都安排具有文保工程施工资质的单位承建。大明宫国家遗址公园内，有百余处唐代夯土遗迹，涉及大量的文物修缮工程、保护性设施建设工程、抢修加固工程、迁移工程等。为此，指挥部专门印发了《文物保护工程管理办法》、《中国文物古迹保护准则》等法规，还会同监理、施工单位制定了《大明宫遗址文物保护工程施工管理办法》，签订了《大明宫文物保护责任书》，通过组织施工人员、项目管理、监理人员文物保护知识专项培训、对遗迹采取临时保护措施、编制文物保护专项施工方案等方式，确保文物安全，避免“保护性破坏”事件的发生。这也是建设“学习型监理组织”的要求体现。

文物保护工程管理模式的优化，是促进文物保护工程规范化发展的一种有益尝试，尚需在实践中不断发展和提高，以此深化落实文物保护工程“不改变文物原真性”的原则，确保历史遗址的“益寿延年”。

二、突出历史文化遗产保护，不断丰富大遗址保护工程项目管理经验

西安作为有3100多年的建城史和1100多年建都史的中国城市，印记着中

华民族悠久的历史痕迹，其文化遗产具有公认的系统性、典型性和代表性，不仅是中国，也是全人类的珍贵历史文化遗产。作为世界历史文化名城，在经济全球化的背景下，伴随工业化、城镇化的迅猛发展，如何保持西安的个性特征，使其宝贵的文化遗产和城市记忆得到延续，实现历史文化遗产保护与城市现代化建设的和谐共生，这正是西安大明宫遗址公园建设中着力解决的首要问题。

（一）在项目总体部署的策划与实施上，始终把保护文物作为一切建设工作的前提和根本

1. 在制定大明宫工程建设总原则、总方针时，特别强调要最大程度地保证文物的原真性和完整性，积极争取，努力推动大明宫国家遗址公园早日列入世界文化遗产名录。

2. 在设置指挥部总体组织原则、管理架构时，特别设立了文物保护部，由文物研究专业人员组成，直接对口管理文物设计单位、文物监理单位、文物专业施工单位，以期达到保护文物的目的。

3. 在确定项目进度控制目标、质量目标、投资控制目标、安全管理目标和社会效益目标前，针对大明宫这一珍贵大遗址，各项目标的设定都是把文物考古工作已经完成作为前提和基础。

4. 清晰界定文物保护区和非文保区域，全面合理安排不同区域的建设工期进度控制和工程质量控制，科学提速建设周期。

（二）在大遗址工程建设中，审慎保持遗迹本体及周边固有地形地貌的原真性是保护的核心内容

1. 各项工程在施工前，必须由文物部门对保护本体的安全状况进行评估，审批施工组织设计中的文物保护专项方案，对文物本体实施有效临保措施，确保文物安全。

2. 各项工程施工中，必须由文物部门参与验线、验槽，签署审批意见后才能开挖和进入下道工序。

3. 地下文物属于国家所有，现场发现文物或历史遗迹，应立即停止施工并及时报告文物管理部门。

4. 建设期间，文物管理部门组成现场巡查组，实行 24 小时不间断巡视，严防施工中不慎行为损毁文物遗迹，防止意外事故对文物造成损害和污染。

三、大遗址保护项目的顺利实施，协调和沟通管理尤为重要

（一）大遗址保护工程建设中，拆迁、考古、设计、招投标、施工等各项工作环环相扣，理顺各环节之间的关系能够有效促进建设进度

为加快遗址公园建设进度，业主方（大明宫保护办）组织文物、拆迁、建设、考古等部门统一协调部署，设立协调领导小组、明确各部门目标任务、提出具体要求，促使各工作环节有机衔接。在协调中主要解决拆迁与现场地表清理衔接、考古顺序与设计工作衔接、设计与施工环节衔接，理顺各环节的逻辑关系，有效促进了工作的和谐和建设进度的加快。

（二）在组织众多参建单位实施大遗址保护工程中，必须明确各方指令关系，制订专门的项目管理流程和制度，并清晰界定对不同项目的管理深度和管理内容

大明宫遗址公园共有 100 多家参建单位，有条不紊地组织这些单位有序展开作业，需要统一的管理制度和流程，同时需要根据建设进展的变化，不断改进和调整已有流程，适时实行动态管理，保证各项目始终处于受控状态。

1. 强化决策层、执行层、作业层指令关系主线，明晰各层之间、各层内部之间工作流程关系，建设指挥部编制并确定了八大部分 48 项管理流程图和制度，汇编后正式下发各参建方作为执行依据。

2. 为集中力量抓好重点工作，对影响按时开园的关键性节点工程，指挥部指定专人从项目用地拆迁到项目竣工交付使用，持续进行全过程跟踪管理。对周边大市政配套项目，提前动手，主动出击，积极协调各行业主管部门，以确保园区道路、水、电、气、热、通信等外部配套管网如期投运。对文物保护类工程、园林绿化类工程则实行监督管理，规定其特定的季节性节点目标，避免干扰其他工程施工，如遇紧急情况直接干预。

（三）主动承担“分外”协调沟通工作，切实为业主分忧解难

大明宫遗址公园建设区域内各种社会矛盾相互交织、社会关系错综复杂，项目建设每动一步，都面临大量的协调沟通工作。特别是在土地、规划等手续不完善的情况下，常常边补办手续边建设，需要行走于大大小小的几十个政府部门和公用事业部门，其审批进展快慢，直接制约着项目建设进度和投资效益。为此，管理方应该充分认识外部协调工作的重要性，不仅要做好现场管理的“分内”工作，同时，要利用自身熟悉政策，掌握程序的优势，创造性地整合社会资源，主动承担起这些“分外”事务，有效推进项目建设。

四、大明宫遗址公园建设项目管理的感悟

目前，大明宫国家遗址公园已盛大开放并持续运行近五年，项目进度、质量、投资、安全等控制目标全面实现，项目管理模式的创新取得了良好的社会效益和巨大的经济效益。各级领导、国家文物局、各界群众、广大市民在考察、参观大明宫遗址公园后，都被大明宫公园展现的宏伟气势所震撼，纷纷赞扬大明宫遗址公园项目公园建设的高规格、高效率、高速度，并对大明宫遗址公园项目建设管理水平给予了高度的评价。

（一）大明宫遗址公园的项目建设管理过程展现了科学发展观“以人为本”的指导思想，实现了历史文化遗迹保护、开发、利用与城市现代化建设的统一和谐、同步可持续发展。探索性解决了大遗址保护重大科研命题的基本思路和脉络。

（二）完成了国家“十一五”时期文化发展规划的大明宫遗址保护展示示范园区建设，造就了古丝绸之路整体申报世界文化遗产的龙头项目，将成为具有世界影响的国际一流大遗址保护现在版典范工程。建设实施过程中邀请到牛津大学、哈佛大学、国际古迹遗址理事会等 28 家国际知名文物保护、考古研究机构及中国社科院考古专家团队现场指导，共同参与项目保护开发。大明宫遗址公园开放后又接纳了许多国际著名的古遗址保护与考古学者、专家闻名而来的参观访问；中央电视台国际频道特意制作了一期古罗马遗址与大明宫遗址保护、开发的两国地方政府与文物专家的对话访谈节目，大家一致赞同大明宫遗址公园的建设代表了国际学术界及政府关注人类文明对古遗址保护、开发与城市现代化建设的新探索。西方的古罗马、东方的长安城已经排在世界文化历史遗迹保护、开发、利用的领军地位。

（三）大明宫遗址保护改造工程是一项以示盛唐文化、盛世文化、和谐文化、生态景观为特色，集文化、旅游、商贸、休闲服务于一体的文物保护示范工程和民生工程。工程项目管理的成功，提升了西安城市建设的品位，实现了和谐拆迁、改善人居环境、造福于民、保存古城历史遗存风貌的西安市现代化建设的可持续发展。对 3.8km^2 遗址保护区内 10 万居民一次性大规模顺利拆迁在西安城市建设中也是第一次有益尝试和成功实践。

承担大明宫遗址公园这一举世瞩目的国家级大遗址项目管理工作，既是一次难得的实践机会，同时也是对现有项目管理理论的一次丰富。遗址公园的如期开放仅表明该项目管理实施阶段的完成，项目管理的最终成效仍有待百姓评说、时间检验，随着大明宫遗址公园的持续运营，需要我们不断总结经验和教训，为我国今后更多的大遗址保护项目管理积累经验，提供理论借鉴。

从一个实例看医疗建筑项目管理的重点和难点

安徽繁荣科技项目管理有限公司　刘炳炳

在各类建筑设施中，医疗建筑或医院建筑有其特殊性，它不同于一般公用建筑，也与其他类别的建筑迥异，这是由医疗建筑使用功能的独特性决定的。医疗建筑的建设过程不仅系统复杂，工艺流程复杂，专业化分工琐碎，而且设备安装量大，调试工作难度大、困难多，因此建筑管理需要强有力的专业化团队担负，以免走弯路，否则可能事倍功半，这方面的教训不可谓不深刻。笔者从事医疗建筑项目建设管理工作近30年，在实践中有切身的体会。

本文试以自己主持管理的安徽医科大学第一附属医院外科综合大楼项目为实例，解析医疗建设管理的难点、重点，期与业界同仁共同探讨。

一、实例的项目概况

安医大一附院外科病房及门急诊楼位于合肥市绩溪路218号，总建筑面积约10万m^2，最大高度为121.6m，两层地下室（最大深度达19.6m），主楼25层，裙楼8层，建筑及其安装总投资额为5亿元人民币，地下室为机械式停车库及该大楼的设备用房，1~8层为门急诊用房，其中包括急诊ICU、急诊观察室、急诊内外病房、各科门诊诊疗室、体外碎石中心、腔镜中心、26间净化手术室及ICU、中心供应室、血液透析中心以及成人、儿童输液大厅；并设置门急诊服务的CT、X光机房，B超、心脑电图室，中心化验室、中西药房等功能性用房。主楼7~22层为外科系统病房，设置6部自动扶梯，22部垂直电梯，其中还有手术室至中心供应室专用电梯以及比较全面的智能化服务系统、医用气体系统、气动物流传输系统、污水及废弃物处理系统等。该项目于2007年1月16日正式破土动工，2007年12月16日结构封顶，2009年6月30日全面竣工交付使用。

二、项目建设管理的重点主要在策划、设计及施工准备阶段

1. 项目策划阶段

一个建设项目的策划阶段，是全部建设活动的起始，对保证项目的投资及收益和建筑环境的质量具有重要意义，尤其是对医院这样功能复杂、造价高、社会影响大的大型公共建设项目，建筑策划更是不可缺少的关键环节。罗伯特.G.郝化伯格指出："建筑策划是建筑设计过程的第一阶段，这种建筑设计过程应确定业主、用户、建筑方和社会的相关价值体系，应该阐明重要设计目标，应该综合利用有关设计资料、现状信息，所需的设备也应予阐明，然后，建筑策划编制成为一份文件，其中体现出的确定价值、目标、实事和需求。"

大型医疗建筑由于工艺复杂，引起的争议和决策修改较多，讨论时间持续较长，相应的项目策划阶段也会长。安医大一附院外科楼项目管理的实践表明，在策划阶段多花费一些时间是值得的，效果可谓事半功倍。但策划也非一蹴而就。首先，这得益于我们有一个专业化的管理团队，团队中各类技术人员大多具有多年医疗建筑建设管理经验，没有这个基础条件，所谓策划无异于纸上谈兵。

其次，我们的策划目标明确，即为建筑而策划，为环境而策划，超越简单的解决功能问题的思路，创造出最能体现建筑物本质的作品，使建筑与场地条件、气候条件、当地文化和时代特征完美结合，超越直接需要并提升用户的潜在要求，从而表达业主、建筑师和社会的共同渴望。这是一切建筑策划的出发点和归宿。就医疗建筑而言，策划的目标还应确定为整体定位准确、功能布局明确、流线组织合理，使整个医疗布局成为一个完整统一、有机合理的整体。

再次，我们准确掌握了医疗建筑前期策划的方法。从以往的建设过程来

看，策划结果往往被编制成为业主提出的任务书。通常设计任务书中所涵盖的信息量是非常有限的，一般仅是数据罗列或标示其面积，几乎没有任何关于业主、用户和社会价值取向的表达，更不谈对于空间关系、空间需要和其他因素的阐述。当然，对于功能简单的小规模建设项目来说，这种设计还能够基本满足要求，但这种简单的策划方法对于综合医疗机构这样功能越来越复杂、涉及专业领域越来越广泛的建筑项目，其控制作用就显得极其有限了。这种“任务书”式的策划所导致的后果，大多是在建筑建设完成后就必须投入高昂的费用进行改造，方能确保运行正常，这无疑加大了医院的建设和运行成本。我们管理团队不惜花费大量时间，向医院各使用科室中关键人员进行调查与访问，以明了他们对于价值和目标的看法，并了解他们是如何使用现有环境的；同时也查阅了一些文献资料以了解当地特殊的医疗需求，还向有关机构如当地卫生主管、规划、环保等部门了解近几年的医疗设施规划情况以更好地定位建设目标。最关键的一点，我们在此阶段注重考察医疗工艺设计，也就是医疗功能布局及明晰的流程，合理的人流、物流（洁污）方案。对应地按照《医院建筑设计规范》及医院决策层的经营观念，规划出每个专业所需的房间及房间的净面积，其中包括重大医疗设备的规划方案，避免医技空间只能写上“设备供应商提供详细图纸”。否则就可能为医院建设项目设计留下隐患，造成不必要的浪费。众所周知，很多新建的医院，在门诊高峰期，所有人流集中地地方（挂号、收费、划价取药、采样、输液等）都设置在大门的附近，人流主要集散地多成了主要集中地，根本没有考虑到医技与门诊的关系，乃至工艺流程不合理造成医院经营率的下降，院内感染问题也无法解决。所谓“十年不落后或更长时间不落后”的要求，在没有很好策划基础的设计阶段就落空了，“以人为本”的设计思想也就无从谈起了。

2. 项目设计阶段

在策划方案完成后，专业化项目管理团队在招投标代理公司的协助下，按公开、公平、公正的原则，对经过考察的医疗建筑设计机构进行遴选，继而进入项目成本控制的最关键阶段，即设计阶段。此阶段对于项目管理者而言，应该有充分的思想准备，未雨绸缪，因为根据医院建设的特殊性，各类专业化管理工程师必须与设计单位各专业工程师对接，否则有可能带来专业设计分工细化、设计冲突较多、设计方案反复修改等工作量大的问题。本项目除了常规的建筑总体设计、装饰设计、幕墙设计，10kV 供电设计，园林、绿化设计之外，还包含了医院智能化设计、医疗工艺流程设计、手术室 ICU 净化工程设计、气动物流传输工程设计、医用气体工程设计、医院标识系统设计以及废弃物和污水处理工程设计。对此，项目管理团队经过认真分析研究，与设计单位配合交叉，同时展开设计，有效避免了重复设计。如手术室、中心供应气净化工程的净化设计、智能化系统工程等专业设计单位及时招标确定到位并及时与大楼设计单位进行密切配合，节约了可观的设计费（智能化系统工程设计费近 60 万元，手术室等净化工程深化设计费近 160 万元）。更重要的是，这样的配合交叉有效地形成大楼建筑柱网布局和建筑空间，使得医疗流程各个环节及医疗设施合理布置，形成较为顺畅的医院就诊流程和合适的就诊环境，且结构形式成为最经济的布局，大大降低了建设成本（还要反复约请医疗专家进行合理化建议）。另外，该项目的建设地点位于闹市区，建设用地周围情况较为复杂，四周围护结构（基最大深度达到 19.6m），原设计为人挖孔桩，后在专业技术人员与设计工程师的共同努力下，改为部分地段采用劲性灌注桩加土钉墙的围护方案，仅此项优化设计就节约投资 260 万元；基坑回填方案的优化节约投资近 300 万元。总之，设计阶段的管理到位与否，将是控制建设成本的关键，这是我们切身体会到的。通常，多个项目的成本控制分析，设计阶段的成本控制占整个建设项目成本控制的 80% 左右（见曲线图）。

3. 施工准备阶段

一个项目施工图设计完成以后就进入招投标及报建阶段，此阶段人们往往认为只是招标代理的事，其实这是一种误解。恰恰相反，此阶段的项目管理工作是建设工程的重点。

在此阶段，重点是对总承包和各专业施工单位之间的工作交叉作详细的工作界面划分与分析，在招标文件中给以明确的界定，并为后续工程组织实施和后续单位工程招标创造很好的条件。特别是在总承包单位的选择上，我们项目管理团队做了大量的市场调研与资料分析，对报名参加投标的施工单位进行多方位的考察，了解他们曾经承建的医疗建筑基本情况及其取得的施工管理经验。同时，考虑到项目的建设资金和建设周期的控制，在组织常规的施工总承包的项目招标外，我们还分别考虑和谋划了室内装饰、外幕墙、医院智能化、电梯采购、手术室净化工程、医用气体和气动物流传输系统、污水废弃物处理工程、防辐射等项目的专业化设计和施工的招标。对于其他专业性较强的项目，在操作过程中多次组织医疗系统专家，进行项目论证和专业设计施工招标技术方案的评审。这个阶段的工作量巨大而繁杂，交叉影响因素较多，不容忽视。

三、医疗建筑项目建设的难点

安医大一附院外科综合楼项目工期短，任务重，难度大，专业施工分工详细，施工交叉作业面多，建设难点主要表现在施工阶段及调试运行阶段。

1. 施工阶段

该项目医疗专业性强，业主组织招标的项目较多，施工总承包单位负责土建结构、部分内装饰施工以及室外广场、道路等项目，业主直接发包的有机电安装工程、外幕墙、1-8层室内装饰、智能化系统、消防系统、电梯采购安装、10kV供电、室外泛光照明、洁净手术室、中心供应室、医用气体工程、气动物流传输系统、污水废弃物处理等工程，施工单位较多，交叉作业十分复杂，现场协调工作量特别大。虽然在招标阶段对各专业施工单位之间的工作交叉作了详细的工作界面划分，并在招标文件中作了明确表述，但是现场情况仍然复杂多变，各施工单位分阶段进场都需要工作面，彼此工作交叉，相互影响难以避免，加上工期短，更加大了现场协调管理工作量和工作难度等。管理团队在现场管理工作中不分昼夜，也没有双休日，创造了“五＋二”、“白＋黑”的工作模式，另外，管理团队为及时解决现场出现的问题，制定了每天下班后召开专题分析会的制度，清理当天存在的问题，协调各方关系，制定解决问题的方案和计划，克服了难点，使工程进展顺利，缩短了建设工期近500天，并避开了钢材、水泥涨价的高峰期，仅此一项就节省投资近1500万元，最主要的是解决了安医附院当时看病难、住院难的现实问题，为患者就诊大大改善了环境，同时医院的业务收入快速增长。

2. 调试运行阶段

本项目自6月30日交付使用即进入调试运行阶段。由于专业系统复杂，系统调试工作量之大出乎意料。医院项目不同于一般公用建筑，专业性强，各类设备安装工作量大，除了常规的医院智能化系统设备、消防系统、22部垂直电梯、6台扶梯、3台冷水机组、发电机组、冷却塔等设施设备外，还包括重大医疗设备，医用气体管道和系统设备，气动物流传输系统，医用废弃物处理系统、26间洁净手术室净化系统、中心供应净化系统等。这些系统需分别调试，并要求做到联动运营，因此，调试工作难度非常巨大。我们项目管理团队由于专业分工明确与责任到人，不间断地配合与指导协调工作，使调试运行仅用了3个月的时间。

综上所述，医院工程是一项复杂的体系工程，其中有医学、建筑学、工程学、管理学、统筹学等多学科的交叉。因此可以说，医疗建筑策划是以宽广的专业知识为支撑的策划，它以城市规划学、建筑学为基础，与医院管理学、工程管理学等学科结合，针对医院自身的管理特点和运行特点，为医院的可持续发展提出科学合理的规划指导意见，为医院的优良运行提供物理环境保障。概而言之，医院建设的策划阶段是最重要的工作环节，需要花费大量的时间和精力；医院建设的难点是在施工阶段，这两个阶段通过上述分析及实际工作管理，我认为要高效、快速、合理、低成本地完成一项医疗建筑，就必须以专业化管理精神为之作出奉献，这是笔者最深切的感受。

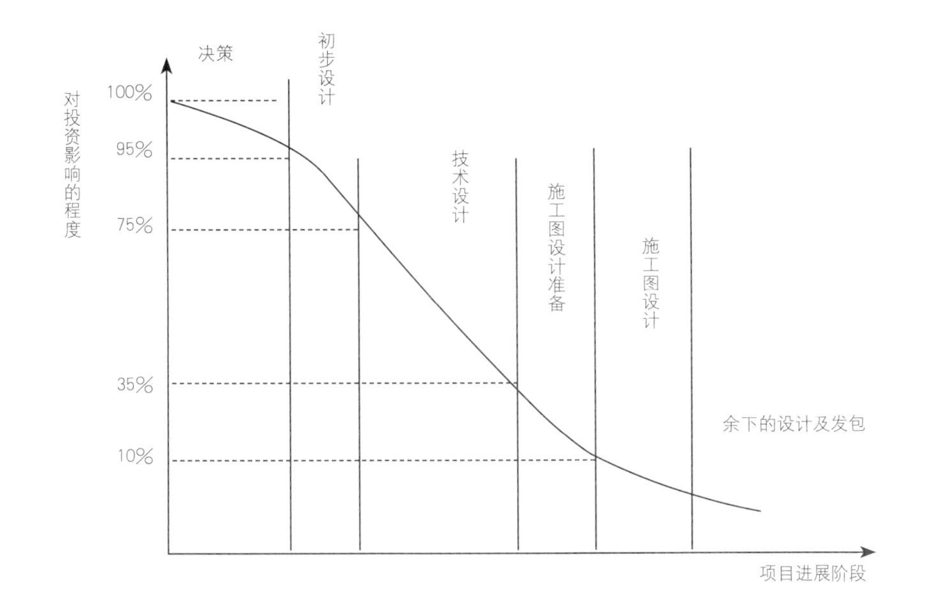

新疆国际会展中心二期场馆建设及配套服务区项目管理经验交流

新疆昆仑工程监理有限责任公司

摘　要： 新疆昆仑工程监理有限责任公司于2014年10月24日正式承接新疆国际会展中心二期场馆建设及配套服务区项目监理工作；在建设单位“三个总承包”（设计、监理、施工）创新工作思路的指导下，公司开展了一系列建设工程监理与项目管理一体化服务的实践活动，项目监理机构结合设计、施工总承包单位的现场资源推动BIM技术、现场实时监控信息系统、互联项目信息系统等先进技术的运用，较深层次地摸索从事项目管理服务的方法和优势利用。

一、工程项目概况

新疆国际会展中心二期场馆建设及配套服务区项目，项目建筑总面积203126m^2，地上2层（局部夹层），半地下1层（局部设备夹层）。主要由A、C区左右展厅、B区中部展厅以及E区连接体、F区入口平台组成。ABC区屋盖主体结构采用大跨度张弦桁架结构型式，AC区主桁架跨度为121.5m；B区展厅主桁架跨度为90m；E区连接体为钢框架结构，为宴会厅和东西侧通廊雨棚；F区入口平台为框架结构。建筑最高檐口标高为23.30m；屋面最高点标高35.30m。主体建筑设计基准期50年，结构设计使用耐久性100年，结构安全等级一级，抗震设防类别为重点设防类，抗震设防烈度为8度；金属屋面防水等级Ⅰ级。总投资14.8亿，总工期2014年9月25日至2016年6月30日。

二、在“三个总承包”的大环境下，积极创新开拓监理总包特色的建设工程监理与项目管理一体化服务模式

新疆国际会展中心二期项目监理总包特色的建设工程监理与项目管理一体化服务模式，是在建设单位“三个总承包”（设计、监理、施工）创新工作思路的指导下，监理单位以项目管理工作和监理工作总包的形式，立足监理、开展项目管理服务，为业主提供全过程、优质高效的工程咨询服务的“会展中心”特色项目管理模式。

由于新疆国际会展中心一期工程是公司监理的项目，该工程造价、进度、质量、安全各项目标均圆满顺利实现，项目管理工作获得了投资建设方高度评价，监理单位得到了业主充分的信任和支持，因而在二期项目的前期工作中，建设方让监理单位相关人员全程参与提供咨询意见，并于2014年10月24日正式总包监理新疆国际会展中心

新疆国际会展中心二期场馆建设及配套服务区项目效果图

二期项目；该项目为乌鲁木齐市1号工程，建设体量大、工期较长、专业众多，项目管理存在一定难度；经过项目启动以来我们建设工程监理与项目管理一体化服务的工作实践，总结了以下经验：

1. 基于业主的信任和支持，充分利用新疆国际会展中心一期工程监理工作积累的工作经验及人员储备，为新疆国际会展中心二期项目管理前期工作提出咨询意见，并根据现场实际提供项目设计阶段的相关服务

（1）在项目论证及规划阶段提出：根据现场地形、用地规划情况以及市场需求，建议将原规划设计的四个场馆调整为六个场馆以上，增加会展容量和使用功能，力求缩短再次扩容的投资周期；业主采纳建议后，二期项目重新规划设计为七个场馆及地下室，调整部分使用功能。

（2）在初步设计阶段，根据一期项目建设和运营中的实践经验，提出合理化建议主体建筑及结构专业12项，幕墙及屋面天窗、天沟方面16项，弱电智能化专业33项，暖通空调专业21项，室外管网方面8项，总计90项；共被业

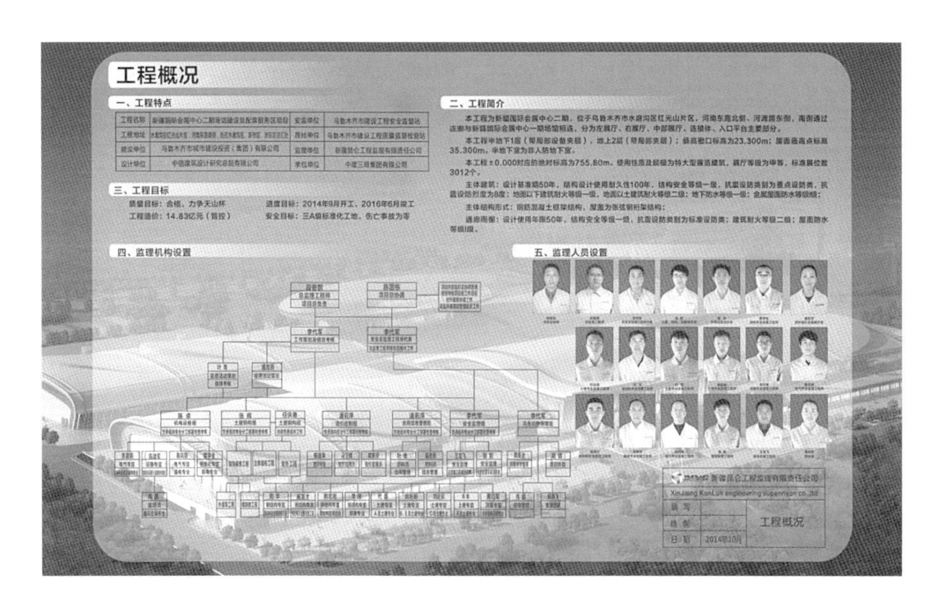

主及设计单位采纳 76 项，经估算节约投资约 3000 万元。

（3）在施工深化设计阶段，提出优化施工工艺，采用钢结构桁架累积滑移新工艺，缩短施工周期约 2.5 月；提出采用 BIM 技术，深化优化各专业施工图设计，大幅提高各专业施工效率，缩短施工周期约 1.5 月；根据提出取消防沉降管沟，估算节约投资 300 万元。

（4）组织施工总包单位编制施工图深化设计需求计划，对各分部分项专业深化设计出图深度精度及时间节点提出明确要求；此计划的实行，对于协调设计单位加快设计进度起到关键性作用。

2. 项目管理团队素质是立足监理、开展项目管理服务，创新开拓监理总包特色的建设工程监理与项目管理一体化服务模式的基础

新疆国际会展中心二期项目以一期工程监理工作参与者为骨干，建立懂技术、会管理、善协调的复合型人才组成的监理团队，借此集工程技术、工程经济、项目管理以及谙熟法规标准的人才于一体的专业队伍，为业主提供高素质工程监理和项目管理服务。

3. 因地制宜，科学合理地组建建设工程监理与项目管理一体化的项目监理组织机构

结合会展中心二期工程项目特点，以及工程监理、项目管理和业主的需求，合理划分项目监理机构职能部项目部门和人员岗位职责。

（1）在监理工作组织架构基础上，增加项目管理工作规划和工程技术管理工作职能。

（2）拓展造价控制和信息管理工作范围，强化合同信息部门和造价管理部门职能范围和人员构成。

4. 适度发展项目全过程集成化管理服务的能力，提高新疆国际会展中心二期项目管理服务工作

（1）加强各参建主体间合同管理，合理分解项目工作，编制“项目合同管理架构图”，完善“三个总承包”（设计、监理、施工）的项目合同管理体系。

（2）建立健全项目管理制度和工作标准，重点出台了《总承包管理制度》、《深化设计管理办法》、《设计交底及图纸会审管理制度》、《工程设计变更管理制度》、《安全生产管理办法》、《工程质量管理办法》、《合同信息管理办法》、《项目管理工作流程》的制度和标准。

（3）在“三个总承包”管理模式的上，合理明确分工，各担其职，各负其责，强化工作效率意识；主导编制了各参建主体组织架构以及职能部门和人员职责分工的细化方案。

（4）根据现场实际，明确了监理机构咨询式项目全过程集成化管理服务模式。

三、结合新疆国际会展中心二期项目设计、施工总承包单位的现场资源推动 BIM 技术、现场实时监控信息系统、互联项目信息系统等先进技术的运用

1. 在目前实践中 BIM 技术对于提高项目管理效能，主要是这几个方面的运用

BIM 技术是一种应用于工程设计建造管理的数据化工具，通过参数模型整合各种项目的相关信息，在项目策划、运行和维护的全生命周期过程中进行共享和传递，使工程技术人员对各种建筑信息作出正确理解和高效应对，为设计团队以及包括建筑运营单位在内的各方建设主体提供协同工作的基础，在提高生产效率、节约成本和缩短工期方面发挥重要作用。它具有可视化、协调性、模拟性、优化性和可出图性五大特点。

（1）在 BIM 建筑信息模型中，整个过程都是可视化的，可以用来效果图

项目OA办公平台

的展示及报表的生成，项目设计、建造、运营过程中的沟通、讨论、决策也可以在可视化的状态下进行。

（2）BIM 建筑信息模型可在建筑物建造前期对各专业的碰撞问题进行协调，生成协调数据，解决各专业间的碰撞问题，也可以解决例如电梯井布置与其他设计布置及净空要求之协调、防火分区与其他设计布置之协调、地下排水布置与其他设计布置之协调等。

（3）根据施工的组织设计模拟实际施工，从而来确定合理的施工方案以指导施工。

（4）特殊项目的设计优化：例如幕墙、屋面结构、大空间到处可以看到异型设计，这些内容看起来占整个建筑的比例不大，但是占投资和工作量的比例和前者相比却往往要大得多，而且通常也是施工难度比较大和施工问题比较多的地方，对这些内容的设计及施工方案进行优化，可以带来显著的工期和造价改进。

（5）通过对建筑物进行了可视化展示、协调、模拟、优化以后，可以帮助业主出如下图纸：

1）综合管线图（经过碰撞检查和设计修改，消除了相应错误以后）；

2）综合结构留洞图（预埋套管图）；

3）碰撞检查甄错报告和建议改进方案。

2. 新疆国际会展中心二期项目现场工程视频实时监控信息系统的运用

新疆国际会展中心二期项目现场工程视频实时监控信息系统是基于 ADSL 网络视频监控管理系统后继模拟视频监控系统（CCTV）和数字视频监控系统（DVR）之后的最新形式，是融合了通信技术、网络传输技术、视频编码技术、数据库技术、流媒体技术和嵌入式技术后的综合应用技术系统。这种视频监控系统是一种数字化、智能化、网络化、集成化、信息化的集成系统。可以同现有模拟视频监控系统、数字视频监控系统、多媒体系统、控制系统和信息系统所集成，能方便地实现数据和信息的共享。

3. 新疆国际会展中心二期项目根据现场实际建立了互联信息平台，有效地优化了项目管理流程，提高了管理效率

基于互联网新疆国际会展中心二期项目建立了项目 QQ 群、昆仑监理会展中心二期项目 QQ 群及微信群、昆仑监理公司 OA 办公系统等互联信息平台。目前这些互联信息平台基本实现了文档管理、项目通信与协同工作、工作流管理等运用。

四、根据新疆国际会展中心二期项目实际，充分利用“三个总承包”项目管理模式下的宽松环境和有利条件，解放思想，调整工作思路，适度拓宽工作范围，较深层次地摸索从事项目管理服务的方法和优势利用

1. 昆仑监理公司承接新疆国际会展中心二期项目工程总包监理业务，是同时承担建设工程监理和项目管理服务的工作内容；新疆国际会展中心二期项目建设体量大、工期较长、专业众多的特点，又采用“三个总承包”（设计、监理、施工）项目管理模式，根据现场施工需要和业主需求，监理机构参与了设计阶段及施工招标的项目管理工作，特别是各分包专业的深化设计及专业招标的前期准备方面的咨询服务；从实践成果来看，监理单位的项目管理工作是卓有成效的。

2. 新疆国际会展中心二期项目监理机构抓住有利条件和时机，在公司总部的指导和支持下，解放思想，不因循守旧，打破条条框框，调整了监理机构的职能部门和人员构成，增加项目管理工作规划和工程技术管理工作职能，强化合同信息部门和造价管理部门职能范围和人员构成，为实践项目管理服务工作创造组织条件，既打造了合格的项目管理团队，又锻炼了各专业人员的综合素质；这方面的实践应该说是成功的。

3. 新疆国际会展中心二期项目监理机构因势利导，调整工作思路，大胆拓宽工作范围，全程服务项目，服务业主，为推动施工总承包工作服务；以“三个服务”为工作方向，参与会展中心二期项目管理各方面的工作，为业主提供全面的技术和管理服务，站在全局的角度参与协调各参建主体工作；实践证明监理单位大胆开拓业务、从事项目管理是大有可为的。

4. 新疆国际会展中心二期项目监理机构这段时间的实践表明，监理企业拥有众多懂技术、会管理、善协调的复合型人才，现场一线工作经验丰富，善于了解各方参与者的合理诉求，协调方式和手段全面，现场工程计量工作程序熟悉，工艺细节掌握细致，变更和索赔方面的把控更全面更公正；这对于从事项目管理服务工作、提高项目管理工作效率具有明显优势。

坚守与蜕变
——关于电力监理企业改革和发展的思考

中电建协电力监理专委会　李永忠　陈进军

2014 年 3 月 13 日，深圳市住房和建设局在《深圳特区报》等媒体对外发布信息：“开展非强制监理改革试点，首先是社会工程全部取消强制监理，并将非强制监理范围逐步扩大至政府工程……”

一石激起千重浪。在缺乏心理预期的情况下获知这一信息，深圳市乃至全国监理行业都产生巨大的震动。为什么要取消我国 20 多年来形成的具有中国特色的建设工程监理制度？是制度设计的问题，还是监理从业者、企业、行业的问题，或者还有其他的问题？这些问题势必引起每一个监理人的深刻思考 。

电力监理行业是我国建设工程监理领域的重要组成部分，在事关行业兴衰的关键时刻，每一个从业者都有责任以积极的态度参与工程监理制度的建设和改革中，对电力监理的成绩和问题进行全面的总结，用客观的分析和研究的结论向相关部门建言献策，破解社会的迷惑，为政府、行业决策提供参考。

一、正确认识监理制度的地位和作用

监理制度经过二十多年的发展，法律法规体系基本成熟，党和政府、建设单位高度重视，监理企业依法经营，监理从业人员忠于职责，形成了具有广泛群众基础的专业技术行业。

1. 我国初步形成了符合国情和建设规律的建设监理法律、法规、标准、规范等一系列比较完善的制度体系。从《建筑法》到《建设工程质量管理条例》、《建设工程安全管理条例》、《建设工程监理规范》等，确立了我国实行强制监理的法律地位和基本规范。住房和城乡建设部正在论证起草《建设工程监理管理条例》，研究制定监理招标投标管理办法，加快建立监理行业信用体系，修订出台新的监理规范和监理合同。这些法律法规有效地指导和规范了监理行为，有力地推动了监理事业的健康发展。

2. 建设监理事业得到了党中央、国务院领导的高度重视。从 2000 年朱镕基总理要求建设行业性、有公信力的名牌监理公司，到 2008 年温家宝总理对监理工作作出重要批示，中央领导对工程监理行业给予了殷切的期望，对监理工作提出了明确的要求，为监理事业的发展指明了方向。这是监理事业长期稳定发展的一个重要资源。

3. 政府出台政策，从源头上解决监理收费的问题。国家发改委、建设部决定自 2007 年 5 月 1 日开始执行《建设工程监理与相关服务收费管理规定》和《建设工程监理与相关服务收费标准》。新收费标准与 1992 年的标准相比较提高了 50% 以上，并把监理收费标准分为政府指导价和市场调节价，这对监理企业来说是实质性的政策支持。与此同时，国家电网公司、南方电网公司也提高了电网工程监理的收费标准。这为监理企业的原始积累提供了足够的保护期。虽然，2014 年国家发改委发文停止执行《建设工程监理与相关服务收费管理规定》和《建设工程监理与相关服务收费标准》，但是该标准的市场价格定位和参照作用依然存在。从长远来看，放开价格对具有竞争力的监理企业来说是一件好事。监理企业走向完全的市场竞争，由市场决定监理价格将成为必然趋势。

4. 电力工程建设领域是我国工程建设的重要组成部分，是国家的基础命脉，是国民经济发展的基本构架，属于国家支柱型产业。其建设项目具有投资大、规模大、范围广、专业技术性强、建设环境复杂等特点，是资金密集、技术密集、人才密集型行业。电力工程建设项目的质量和安全直接关系到国家安全、公共安全、公民人身财产安全，需要电力工程监理行业为其提供质量和安全保障。

5. 电力监理企业脚踏实地的辛勤工作为进一步发展奠定了良好的基础。在大型电力工程和国家、省重点工程建设中，电力监理企业在综合协调、质量、投资、进度控制，安全、现场文明施工管理等方面发挥了重要的作用，成为电力工程建设中受尊敬、有权威、起作用的重要一方，出现了一批公信力较强的监理企业和知名度较高的总监理工程师。实行监理的电力工程项目，施工安全事故呈逐年下降的趋势，质量不断得到提高，优质工程不断增多。

实践证明，监理制度在电力工程建设领域的实践是成功的，是符合我国工程建设实际又能与国际接轨的一项工程管理制度；电力工程建设单位对监理工作十分重视和大力支持；电力工程监理成为工程建设中不可缺少的重要一方，为工程质量安全起到了保驾护航的作用，为工程投资造价起到了监督控制作用。

因此，我们坚信，国家实行强制监理制度的决策是正确的，80 多万监理人的职业选择是正确的；我们有责任坚守 20 多年来建设工程监管体制改革的成果，在坚持工程监理制的同时将工程监理的合理内涵延伸到工程建设的全过程。同时，我们认为，监理企业有能力参与国内国际市场的竞争。

二、深刻反思社会对监理制度争论的原因

引起政府和社会各界对工程监理制度争议的原因很多，归纳起来大致有以下几种：

1. 监理制度是从国外引进的一项工程管理制度，是新生事物，在国家顶层制度的设计上具有侧重性。如监理的定位问题，监理责、权、利问题，监理与咨询的关系问题，强制监理与市场选择问题，政府建筑监管与社会监管问题等，没有从源头上予以明确和兼顾。

2. 我国建设工程实行政府和社会双重监管，政府是从法律和行政的层面进行监管，监理是从专业技术的层面进行监管。但双方的职责不明确，出现交叉或混淆。

3. 没有制定出台工程监理的服务标准。监理企业提供的是专业技术监管的服务，而相关部门对工程监理的评定或考核没有服务标准可依，没有坚持科学、全面和合理的原则，现行的评定和考核严重偏离了工程监理主要服务内容的方向。

4. 部分企业本身存在行为不规范、履职不到位甚至违法等问题；少数监理从业人员存在监管不严、缺乏职业道德等问题，导致行业声誉严重受损，在社会上造成负面影响。

5. 监理所产生的社会效益、经济效益没有引起足够的重视和关注。实行工程监理制后，由于建设工程质量安全生产形势可控、平稳，并逐年明显好转，反而导致社会集体忘记了工程监理制实施前大量工程存在质量安全问题的伤痛。

6. 行业指导和引导不力，行业自律机制和诚信体系没有建立，行业存在的风险没有及时被发现或警示，没有客观反映行业的诉求，行业缺乏内部规范，没有形成行业影响力。

7. 行政和市场的监管滞后。20 多年来很少有不守法、不诚信的监理企业被行政和市场清退，不守法、不诚信的监理企业肆无忌惮，守法企业则惨淡经营。对于监理行业出现的问题，没有及时依法处理，而是放任自流，以致出现今天备受争议的局面。

8. 任何改革都会牵涉利益的重新分配，监理制度既维护了各方的正当权益，又损害了某些部门和人员的不当利益。2014 年 7 月，深圳市监理工程师协会经过调研得出：“改革开放和推行建设监理制度以来，总有那么一部分开发商出于自身的利益，以种种形式规避监理、操纵监理，鼓吹监理没有发挥

作用，总想变换各种办法来以己取而代之，对此，有些部门及人员，看不清问题的实质，盲目听信一些不诚信的开发商的言论，实在令人不解。”

三、公正评价监理行业的社会价值

正确认识工程监理在工程建设中的作用，公正评价整个监理行业的社会价值，是还原监理本来面目的最好方式。

1. 强制监理是工程建设质量安全的基本保障。监理制度从试运行、实验到全面实行，社会和业主已经从不适应到适应，从不认知到认可，从不愿意到主动接受。业主在工程质量、投资效益、方案优化、防止决策失误等方面享受到监理制度的实惠。同时实行监理制后，我国的基本建设在超规模、超速度发展的情况下，与实行监理制之前相比，建筑产品的重大的、恶性的质量安全事故明显减少，说明实行强制监理的制度取得了成功。

2. 过程控制是监理行业对工程安全质量的最大贡献。工程监理是工程质量的忠诚卫士，工程监理对工程质量实行过程控制和终身责任制，以事先和事中控制为主，将工程质量问题消灭在萌芽状态，将工程安全问题控制到最低程度。

3. 监理工程的质量效果是监理价值的最好体现。有人说监理形同虚设，如果仅指少数监理企业可能有一定的合理性，但对一个已有二十多年的发展历史，在全国范围内已有6600多个工程监理企业、82万余监理从业人员、年度创造产值1700余亿元的行业来说，是没有依据的。中电建协电力监理专委会在调研之后得出：“国务院的《建设工程质量管理条例》和《建设工程安全生产管理条例》以及各地制定的有关地方法规、规范性文件，均赋予了监理企业在工程质量安全监理方面的责任，项目监理机构按照相关规定在施工现场对工程建设实施全方位、全过程、全天候的监理，在我国大规模的基本建设和城市建设过程中发挥了一定的监理优势，为工程建设做出了不可磨灭的贡献，比如2008年5月12日发生在四川汶川的8级特大地震中，距震中仅11公里的都江堰市和37公里的彭州市成为重灾区；然而，四川电力工程建设监理有限公司监理的重灾区59所中小学，却无一垮塌，无一师生伤亡，这就是监理社会价值的最好证明。”

四、深化改革转型发展实现监理企业蜕变

监理企业有能力参与国内国际市场的竞争。面对监理行业市场化的改革方向，我们不能被动等待，而应当深刻反思，检讨过去，完善管理，规范行为，切实履行监理职责，在工程建设中发挥积极作用，做到让业主满意，让政府放心。只有深化改革转型发展才是监理行业长期生存和发展的唯一途径。

全面深化工程建设体制改革和电力体制改革，对于电力监理企业来说是改革的双重叠加，是不可回避的发展趋势。通过改革，社会对监理是否符合政府需要和市场需求将有一个明确的决断，对监理的真正作用与价值将有一个合理的判断。改革是对工程监理制度的最好宣传，是对失信失范监理企业的最好教育，是对整个行业的最好警示。

因此，居安思危，未雨绸缪是电力监理行业的自觉选择，实行企业和行业的蜕变，是电力监理企业的唯一出路。我们要从以下几个方面行动起来：

（一）认真总结电力监理的业绩

长期以来，由于监理工作的管理属性，监理的工作和业绩淹没在忙碌的工地尘土中，记录在别人的功劳簿上，监理成为默默奉献一族。我们要通过艰苦的努力改变这种局面，要展现电力监理作为一个工程管理者的尊严和价值。

1. 用数据说明问题。各会员单位要认真总结统计每个监理项目发出了多少张停工令、监理工程师通知单、监理工作联系单，解决了多少实实在在的问题。

2. 用事实说明问题。各会员单位要认真统计自成立以来因监理工程师的合理化建议而节约投资、加快进度、提高质量、防止质量安全事故发

生、改进生产、提高产品质量和使用功能，产生了多大的经济效益和社会效益。

3. 用典型说明问题。各会员单位要认真总结在发展过程中涌现出来的典型事迹和典型人物，作为监理企业先进性的代表。

4. 用业主的态度说明问题。各会员单位要认真收集业主肯定、表扬、嘉奖监理的材料和资讯。

5. 用社会舆论说明问题。协会和企业通过各种渠道向政府部门、社会发布我们的统计数据，宣传监理的作用和取得的成绩。

（二）公开传递监理的正能量

1. 电力监理专委会组织全体会员单位，充分利用媒体、报刊，宣传实行监理的重要性，宣传监理新形象，传播监理正能量，发出行业最强音。

2. 深入剖析工程质量安全事故，查找原因，分清责任，找准切入点，开展专题学习和讨论。

3. 形成监理行业的沟通协调，积极了解改革试点的进展情况以及对电力监理企业的发展影响，充分利用合理渠道反映诉求。

4. 无论是监理体制改革，还是电力体制改革，涉及监理企业的改革我们都要密切关注，呼吁改革的政策取向要听取监理行业和企业的意见，监理行业协会要参与改革方案的制定。

（三）结合实际转型升级

为什么要试点取消强制监理？监理工作者要认真进行反思，监理行业的人员素质不高、工作不到位、服务质量低、低价竞争、诚信缺失等问题，严重影响了监理的社会形象。因此，监理行业要自我救赎，寻求改变。电力体制改革方案已经出台，国家电网公司也提出了“施工单位将向管理型、专业型、监理型转型”的要求，因此，专委会会员单位要尽早谋划，争取先机；立足本职，做好服务；团结一致，抱团取暖；依靠协会，自我发展。

1. 力争监理企业在电力体制中的位置。电力监理企业要努力参与改革方案的酝酿和制定，要求方案制定部门在进行电力体制改革设计时，充分考虑监理制度和监理企业的发展历程、实际作用和生存现状，不能因为改革而掉队和出局。

2. 保持监理企业的独特属性。在服从大局的前提下，坚持监理企业在法律制度、运作机制、业务流程、队伍建设和市场主体等方面的差异性，争取进一步理顺监理在电力工程管理体制中的定位，以便监理企业发挥更好更大的作用。

3. 实现监理企业业务重心的转变。充分重视和发挥监理企业在电力工程建设中的人才、经验和管理优势，以高度的责任感和创新精神推进企业转型升级的实现，由单纯的监理企业向电力建设项目管理咨询企业转变，在功能上实现与国际咨询公司接轨。

4. 实现公司治理结构的改变。根据党的十八届三中全会关于“积极发展混合所有制经济”的精神，结合监理企业面临用工风险的实际情况，可以将企业改制成混合所有制企业，可以更加灵活地发挥体制和机制上的优势，更好地为电力工程建设服务。

5. 增强监理企业的综合实力和市场竞争能力。无论是央企的全资子公司，还是走向市场自负盈亏，抑或实行混合所有制，监理企业的品牌和实力都是立足之本。因此，加强企业基础管理、资质建设、人才队伍建设、社会形象建设等，是监理企业的生存和发展之路；监理企业要转型升级，与国际接轨，向咨询顾问型公司发展，适时实施“走出去”发展战略。

最后，用住建部建筑市场监管司刘晓艳副司长在贯彻落实住房城乡建设部《工程质量治理两年行动方案》暨建设监理企业创新发展经验交流会上的一段讲话作为本文的结束语：“无论我们的市场监理发展到什么样的程度，监理制度是不可或缺的，监理从形成、发展到完善，对我国的工程建设管理体制起到了重要的保障，对工程质量是不可或缺的保证力量。所以，大家要坚定信心，监理制度作为工程建设的四大制度之一，在今后要继续坚持贯彻执行，并且在坚持贯彻的基础上要进一步地得到发展和完善，不会出现监理制度丢弃或不要的情况，监理制度只能在下一步坚持完善的基础上进一步得到健康发展。”

论监理职业价值观

武汉铁道工程建设监理有限责任公司　刘尚温

摘　要：本文阐述了监理从业人员应树立委托管理服务价值观及委托管理服务价值观的意义及价值取向。同时对价值取向进行了分析，指出了影响监理从业人员职业价值取向的因素，并对价值取向的调适提出了见解。

关键词：监理职业　职业价值观　委托管理服务价值观　价值取向　价值取向的调适

一、职业价值观

职业价值观是人生目标和人生态度在职业选择方面的具体表现，也就是一个人对职业的认识、态度、评价以及对职业目标的追求和向往。职业价值观表现在两个方面：

一是职业价值取向、价值追求，凝结为一定的职业价值目标。例如在监理从业人员中，有人注重职业的成就与荣誉，有人注重职业的经济效益，还有人注重职业能否给他带来权力地位等，这些都是不同的职业价值取向与追求。

二是职业价值观是人们判断职业有无价值及价值大小的评价标准。由于受个人条件的限制和社会环境的影响，职业在人们心目中的声望地位便有不同程度的差别，于是出现了对职业的不同评价。这些评价形成了人们的职业价值观的一个方面。

职业价值观是一种具有明确的目的性、自觉性和坚定性的职业选择态度和行为，对一个人职业目标、择业动机和职业行为起着决定性的作用。

二、监理职业价值观

1. 树立委托管理服务价值观

监理是接受建设单位委托开展监理服务的。没有建设单位的委托，也无所谓监理。监理行业是随着建筑市场的发展而成长起来的。在我国，监理既有市场化的一面，也有行政化的一面。因为目前我国对于工程建设施工推行的是强制性监理，施工监理在质量、安全监督中扮着重要角色，监理工作不仅是为建设单位服务，更多的是为社会、为国家、为人民在履行监督职责。

为此，笔者在《工程建设组织协调》一书中曾指出，监理工程师应树立委托管理服务价值观。所谓委托管理服务价值观，是对委托管理水平、服务质量及其效果的总的看法和评价。自 20 世纪 20 年代以来，由于企业规模逐步扩大，组织愈来愈复杂，投资巨大且投资多元化的项目也越来越多。在这种情况下，委托管理应运而生。管理者受投资者委托从事经营或工程项目管理而形成了一种委托管理服务价值观。这一价值观的指导思想是既要发挥管理者的才干，又要提倡协调与合作精神，以取得项目参建各方及社会满意的成果。

委托管理服务价值观不同于“商业服务价值观”，也不同于“代理服务价值观”。这些服务的价值观，表现在他们的服务绩效是取得顾客的满意。而对于监理职业来说，他接受建设单位的委托，通过对工程项目的施工管理服务，不仅要使建设单位得到满意的投资回报，而且还要担负起监理的社会职业责任。对社会的职业责任指的是对有利于社会的可持续发展目标及道德风尚的追求。树立委托管理服务价值观，既可体现监理工程师的本身价值，又可恰如其分地处理好项目参建各方以及社会有关方面的关系。

2. 树立委托管理服务价值观的意义

（1）可以恰如其分地处理好与业主及各方的关系

工程项目委托服务管理，涉及方方面面。项目参建各方良好的互动关系，是实现工程建设项目目标的主要动力。这种互动关系是否融洽、彼此之间能否相互理解、相互支持、通力合作，直接影响到工作环境和人际气候。树立委托服务管理价值观，可以驱使监理工程师注意项目各方及人际关系的协调，各方组织分工与配合的协调，项目实施中人、财、物、技术、管理等方面的协调。监理工程师积极主动地与各方沟通，维持和发展各方的友好合作关系，谋求双赢。如果不树立委托管理服务价值观，是很难做到的。

（2）可以获得各方的支持，顺利实现项目目标

在项目实施中，影响项目总目标的因素很多，但最重要的是参建各方之间的真诚合作。而要做到这些，就需要监理工程师从委托服务价来说，他要维护业主的利益；从管理的角度来说，他不得侵害承包商的利益，同时还要兼顾社会公众的利益。这样才可以获得各方的支持，顺利实现项目目标。

（3）可以获得社会认可，提升监理企业的社会价值

委托管理服务价值观特别注重对社会的职业责任，它对有利于社会的可持续发展目标及道德风尚的追求，可以赢得社会声誉和公众认同，也为个人和企业发展营造更好的社会氛围。不仅可使工程项目保持长期可持续地发展，还可以使监理从业者和监理企业得以保持生命力。

（4）有利于促进社会的文明进步

从社会角度来看，监理职业的委托管理服务价值观，不以追求利润为目标，在当今社会发生变革、一些个人欲望横流的时期，可以应对社会变革的消极影响，降低或减少由于社会变革因素而必须付出的改革成本，加速我国有特色的市场经济体制走向成熟的步伐，促进整个社会生产力的发展，有利于促进社会的文明进步。

三、监理职业价值观的价值取向

监理职业价值取向，是其在选监理作为自己的职业和从事监理职业工作过程中所形成或持有的思想观念和行为方式，是包括职业意向、良心、荣誉、责任、理想等在内的综合表达，其具有评价事物、端正态度、指引和调节行为的定向功能。人的价值取向直接影响着工作态度和行为。价值取向与价值观有着直接的联系，不同的价值观有着不同的价值取向。委托管理服务价值观的价值取向表现在以下几个方面。

1. 社会价值取向

2000 年国务院发布的《建设工程质量管理条例》第十二条指明了“国家、重点工程”等五大类建设工程必须实行监理。这一规定是国家对监理企业的巨大信任和重托。监理企业担负着国家强制性监理的硬任务，其职业活动与社会生活息息相关。监理不仅要对监理合同负责、对投资主体负责，更要从对人民负责、对历史负责、对社会负责的高度出发，把对业主负责寓于对社会负责的责任体系之中，对社会负责高于一切，这是社会责任赋予监理企业的神圣使命，也是监理职业的崇高之所在。

监理企业是社会的一个细胞，必须把自己融入社会之中。它必须负起改善社会环境的责任，确认

社会问题的存在并积极参入社会问题的解决，把社会视为监理形象体现的舞台并接受其检验与监督。这样既可以使工程项目保持长期可持续地发展，也可以为监理行业的发展营造更好的社会氛围，使监理职业得以保持生命力。

2. 经济价值取向

监理作为一个服务行业，它只是根据监理委托合同取得应有的报酬。监理职业是社会劳动的分工，职业活动与社会生活息息相关；而职业又是人们赖以生活的社会活动。因而，监理职业排斥那种一心只想赚钱而不顾公众利益的价值取向。

监理除了要考虑投资人的利益、企业本身的利益之外，还应考虑与监理活动有密切关系的其他利益群体的利益。因此监理的经济价值取向不是单纯地追求利润，而是公平公正地处理好工程参加各方的利益，以及社会公众的利益，以优质的服务取得各方及社会的认可，从而体现监理的服务价值。

3. 行为价值取向

守法、科学、公正是监理的行为价值取向。

守法，是在监理活动中必须遵守国家、地方有关监理的法律、法规及规定。

科学，就是要求真务实，态度要认真，方法要严谨，手段要先进，能提供一流的专业化服务。

公正，公是监理职业意志的具体表现。公正是监理工程师应该具备的职业品质。在监理活动中，要以事实为依据，以合同为准绳，以实事求是的精神和客观公正的态度，完整、准确、如实地反映各项经济活动情况，不隐瞒歪曲，不弄虚作假，公平公正地对待合同双方，以利达成项目目标。

4. 道德价值取向

社会中的具体职业的特殊性，规定了该职业的道德内容。由于监理在社会分工中的特殊性，要求从业人员具有与一般职业从业人员不同的职业道德。

（1）核心价值取向——敬业诚信

敬业，是指人们对从事的职业有正确的认识和恭敬的态度，一丝不苟地对待本职工作，将身心与本职工作融为一体。树立干一行、专一行、爱一行的职业荣誉感和责任感，勤勤恳恳，兢兢业业，坚守岗位，以高度的事业心做好监理工作。

诚信，是市场经济活动中的黄金规则。市场经济是信用经济，信用是市场经济的基石。

市场经济愈发达，愈要求诚实守信，这是市场经济内在的要求，是人们进行经济活动和从事职业活动应该遵守的基本原则。

（2）目标价值取向——维护职业尊严、地位和名誉

监理职业道德是监理人员与其他工作相区别的内在规定性，是监理人员道德上的权利、义务、品格、尊严、道德观念、道德自律等意识融合而成的道德自律行为模式。在欧美各国一百多年来，监理工程师以他的职业道德，享有崇高的声誉，并在全世界有着越来越广泛的影响。监理行业在我国仅有二十多年，我们应像他们一样，不懈地努力，始终维护职业尊严、地位和名誉。

四、监理职业价值取向分析

1. 当前监理职业价值取向的不良倾向

委托管理服务价值观作为 20 世纪下半叶形成的新的价值观，人们对它还没有充分认识。由于受市场经济的影响，有些监理人员对于职业的认识普遍存在重利轻责的现象。他们认为，职业活动的宗旨即职业的实质是职业利益，履行职业职责只是获取利益的手段，所以在选择监理工作岗位以后，这些人始终把利益放在第一位，对于这种具有职业价值观不良倾向的人，在职业活动中极易丧失监理应具有的文化底蕴和精神素质。产生这些现象的因素很多。从社会层面的管理体制到社会地位，从职业特征中监理的职业性质、职业活动到监理在项目中所扮演的角色，从个人因素中的人格特征到社会期望，都会导致以上问题的产生。而在这诸多因素中，关键的是监理职业价值取向。

2. 影响监理从业人员职业价值取向的因素

（1）行业的职业声望影响

监理行业的职业声望是人们对监理职业的社会评价。这种评价从开始实行监理制到现在已发生了

极大的变化。开始时大多数监理人员是具有多年从事设计、施工、管理经验的工程技术人员，监理队伍整体素质较高，社会对监理的评价不言而喻，也比较高。进入到21世纪后，我国基础建设投资大幅增长，给监理行业的发展提供了契机，大大小小的监理公司如雨后春笋，迅猛发展。由于缺乏规范管理，出现了小、弱、散、差以及恶性竞争等问题，给监理行业的声望带来巨大的落差。同时，为了能够满足市场对监理人才的需求，一些监理公司降低了监理人员的门槛，只要具备中学学历、身体健康的公民，经过短期培训后即可充当监理人员，有的甚至充当监理工程师；持证监理与无证监理都在上岗。这就造成监理队伍良莠不齐，甚至出现鱼目混珠的现象。这种现象大大降低了监理行业的声誉，戳伤了监理职业价值观。

（2）管理体制的影响

面对越来越激烈的市场竞争，监理企业在经营战略和管理方式上作出了重大调整，如通过劳务派遣招聘人员。这种变革一方面使这部分员工在某些方面的福利待遇较差，另一方面使这些员工对于这种不确定环境下的雇佣关系的维持产生怀疑。这种工作状态决定这些监理人员没有归属感、没有集体荣誉感，也就没有一个明确可以为之奋斗的目标。这些问题导致监理从业人员不能把监理工作作为个人的终身职业和奋斗目标，对于他们来说很多人要面临再次择业的问题，职业生涯的短暂增加了这些人员对职业前途的担忧。他们不像那些编制内的员工那样关心企业的长远规划和发展，而是更加在乎自身利益的得失。企业与员工之间难以建立稳定的心理契约，有时甚至恶化，从而导致员工心理契约的违背。心理契约违背不仅会影响员工对企业公平的感知，而且直接影响其价值观的取向。

（3）项目管理模式的影响

实行监理制以来，受传统管理模式和体制的影响，监理的职业价值并没有得到充分的体现和认可。监理工作辛苦、繁琐，责任重大，而劳动报酬相对较低。传统的大业主小监理的管理模式对监理个人价值缺乏尊重，认为监理是我雇来的，应该唯我是从。有些业主对施工中出现的问题动不动就拿监理是问，甚至无原则地批评监理，使得监理的职业满意度普遍不高，由此产生了职业倦怠。这种职业倦怠反过来又会影响监理的价值取向。

（4）主观愿望与客观现实落差的影响

随着社会的进步，监理人员的主体意识正在逐渐增强，他们渴求对自身性格、兴趣、能力有一个全面的认识和了解，强调自我价值和人生目标的实现。然而现实并不那么理想，监理行业的现状决定了监理人员待遇较低，工作不受尊重，合理要求得不到满足。在整个监理管理体系中，缺乏有效的反馈和评价机制，不公正现象时有发生。这种主观愿望与客观现实的落差，导致监理人员情绪低落，影响监理职业的价值取向。

3. 监理从业人员职业价值观的调适

监理职业价值观的形成与监理的职业声望、职业待遇和职业发展是分不开的，要培养监理人员正确的职业价值观应该从以下三方面进行调适与改变。

（1）提高监理职业声望

提高监理职业声望，首先要使整个社会对监理从业人员多一些人文关怀。作为行业协会，要多从正面宣传报道监理行业的优秀事迹；通过媒体客观、公正、公平地报道监理工作的重要性与监理工作的艰辛，让社会多一份对监理工作的理解、肯定和支持，消除人们对监理职业的误解或曲解。另一方面，监理从业人员要不断提高自身素质，加强专业技术及监理业务的学习，不断提高技术水平和服务技能，努力做到懂设计、懂施工、又懂管理的复合型人才。其次，监理从业人员应加强自身职业道德修养，树立诚信为本的理念，严于自律，用高尚的人品打造工程精品，让业主和社会满意。

（2）深化人力资源管理体制改革

监理公司应深化人力资源管理体制改革，提高监理队伍素质，增强监理从业人员的职业危机感，形成良好的竞争和激励机制，从根本上保证监理职业素质和社会地位，促进监理职业价值全面提升。

管理者要把握舆论导向，让监理从业人员更加明确自己所处的角色位置，逐渐做到敬业、爱业、专业、勤业、精业，给监理人员强烈的认同感和成就感，维持其良好精神状态。

管理者要正确认识监理从业人员的物质需要。监理职业对多数监理人员而言仍是谋生的一种基本手段。面对这一客观现实，监理公司要建立并运用正确的激励机制，通过满足监理人员的物质需要和心理需要来调节他们的职业态度和职业行为，促使他们感受到外在的职业价值和职业成就感，提高他们的职业兴趣和业务素质。

要加强监理职业道德建设，建立完善的竞争和激励机制，加强岗位培训及终身学习机制，促使监理人员以认真务实的精神加入到监理单位中来，在服务中赢得业主和社会真正的尊重。

（3）强化职业认同感，加强价值观念和角色教育

作为为业主提供管理服务的监理职业，有其特定的社会价值。监理人员不能因为业主中有人轻视监理就妄自菲薄，有职业倦怠之感。要明白自觉积极的职业行为既是促进监理职业发展，又是提升职业价值的重要因素。监理从业人员要明确自身的职业价值内涵，找准发展方向，塑造和完善成功的监理角色，凸显自己的职业价值，要在强化职业认同感的基础上理顺个人价值与职业的关系，把自身发展与职业发展最大限度结合在一起，避免产生职业倦怠。

监理公司要帮助监理人员树立正确的职业价值取向，首先应该努力营造一个和谐的文化氛围，监理公司要大力开展企业文化建设，使监理人员融入浓厚文化氛围之中，自觉提升自己的文化品位，树立正确的职业价值取向。同时，监理公司应切实执行职业资格准入制度，促进监理职业价值的全面提升。

（4）引导监理人员进行自我教育

职业价值观并不是一成不变的，一个人对职业的看法、态度、倾向是可以通过一定的途径调整和培养的。监理公司应引导监理人员进行自我教育，自我调节，自我完善，不断加强个人修养，树立正确的职业价值观，积极参与富有创造性的监理职业活动中，为自己寻找到符合社会发展的最佳位置和方式，从监理职业活动中获得心灵的满足，逐步树立正确的监理职业取向，从而得到自我发展，最终实现自我。

另一方面，监理从业人员要对自己心理存在的不良倾向有一个清醒的认识，进行自我调整，主动设置心理缓冲区，提高自己的心理适应能力。同时，要不断接受职业问题带来的烦恼，积极、愉快、主动地对待工作中的困难与问题，在环境不能改变的情况下，积极适应工作环境，尽职尽责做好监理服务。作为监理从业人员，应根据自己的情况，适当调整好心态，将以一种积极、健康和高效的方式与别人交流，并以正确的行动去实现真正有意义的职业生活。

以“中”为源　成就非凡
——专访中煤科工集团武汉设计研究院有限公司总监理工程师杨俊普

武汉建设监理协会　徐晶　宝立杰

杨俊普：生于1970年10月，河北沧州人，毕业于福州大学公路与城市道路专业。高级工程师，国家注册监理工程师，一级建造师，国家安全工程师。从事监理工作20年，其中从事铁路监理工作10年，监理大中型铁路项目4个，监理大中型市政工程项目3个。近年来，主要监理地铁集团轻轨及隔声屏项目。担任已竣工的武汉地铁四号线二期四标段钟家村站的项目总监理工程师，凭借该项目，所在公司被评为地铁四号线立功单位（唯一的监理企业）。目前担任地铁三号线香惠区间总监理工程师。

初见杨俊普，高大，沉稳，笑容质朴，几乎没有领导的架子。当我们比约定时间早一刻钟到达采访地点——中煤科工集团武汉设计研究院有限公司时，长期驻守在监理项目现场、特此请假半天的杨总监理工程师已经等候多时。

因长年在外工作，杨俊普竟然没有自己的办公室！也正因为此，我们有幸进入了中煤集团可能是最气派的会议室。会议室四面墙上悬挂着各类照片和荣誉牌，装点得非常庄重、大气，特别是温家宝总理视察工作以及温总理与中煤集团董事长握手的照片，尤其醒目。这是中煤集团地位、荣誉的至高展示。采访也正是从了解中煤集团企业情况开始。

幸运成为中煤科工人

中煤科工集团武汉设计研究院有限公司成立于1954年，是一家全国综合甲级资质的国有企业，有着庞大优秀的人才队伍、广阔的业务范围以及丰富的获奖经历，在整个武汉乃至整个湖北省的勘察、设计工作领域皆取得过不俗成绩，蜚声建设领域。对于出生于20世纪70年代初的杨俊普而言，大学毕业即被分配到这个“国”字号的设计研究单位，并一路顺顺利利走来，综合能力逐步提升，工作渐入巅峰状态，成就了不少非凡业绩，用他自己的话说，“能成为中煤科工集团的一份子，我觉得很幸运！”

大公司提供大平台。1994年，24岁的杨俊普大学毕业，正式成为中煤科工集团武汉设计研究院的一员，从事设计工作。一年半后，转为监理，遇到的第一个项目是安徽西淝河特大桥！那时候的他，没有监理工作经验，压力很大。时至今日，他还清晰地记得这座全长1384m特大桥的结构尺寸，以及整体、各部位、关键工序的施工方案。西淝河特大桥基础工程和上部桥梁结构都很复杂，地质条件恶劣，有大片的芦苇群需要处理，工期要求很紧。为了确保工程质量，杨俊普及团队成员全程跟踪旁站，丝毫不敢马虎。刚走出象牙塔没多久的他，就凭着这股子拼劲和不怕苦、不服输的精神，顶住了压力，克服了困难，最终实现了西淝河特大桥的顺利通行。十多年过去了，西淝河特大桥依然完好无损，未出现过任何质量问题。

2012年，在成功监理了十来个项目、有了丰富的监理工作经验后，杨俊普逐渐将监理工作领域转为地铁项目。是年，武汉新修地铁工程如雨后春笋，综合实力超前的中煤科工集团必然也成为武汉地铁建设的主力军之一，而杨俊普则担任了地铁四号线二期四标段钟家村站项目总监理工程师。凭借这个项目，他被评为2012~2014年度武汉优秀总监理工程师，公司被武汉地铁集团评为地铁四号线立功单位（唯一的监理企业）。这个项目更带给了他另一番的“印象深刻”。

通常情况下，监理进入施工现场，会接受来自业主和施工单位的考验，考验的方式各有不同，但四号线钟家村站甲方项目经理对杨俊普的考验却更像“暗访”。在第一次工地会议上，甲方项目经理说错了图纸的一个细节，一个不易让人觉察的细节，杨俊普当即指出了他的错误，双方陷入了激烈的争论。“后来施工单位把正确的图纸拿过来，证明我说的是对的，甲方项目经理这时候忽然就笑了。”说起这一段，杨俊普也笑了。他说，他其实感觉到对方是有意“刁难”，故意说错图纸，只是想看看他到底水平如何。从这以后，杨俊普赢得了甲方对他们的信任和支持，双方关系处得很好，今日他负责的监理地铁三号线香惠区间也是对方推荐的。

地铁四号线钟家村站项目地质条件很恶劣，有溶洞、岩石，工期要求也很紧张。但杨俊普以及他的团队凭借过硬的专业技术本领、全程无休的敬业工作精神，狠抓“质量、安全和工期”，确保了四号线钟家村站的顺利竣工。在2013年可能被住建部抽查、对工地现场进行严苛检查的情况下，他内心虽紧张，但更多的是平静和泰然，这份平静一如他得知地铁4号线钟家村站获奖时的心情，“钟家村站，我和我的团队兢兢业业，与全体参建单位一起，抢节点、抓质量，整个过程都不敢休息，在保证施工质量的基础上，顺利实现了工期节点目标。评奖不评我们评谁？”看似不经意的反问，透露了足够的自信和霸气，也透露出杨俊普对工作高度负责的“责任心”。这份自信，来源于对自身能力的肯定，来源于监理团队的优秀，来源于企业的孕育和培养，更来源于作为中煤科工人那种特有的幸福和荣誉感。

成功源于背后的力量

一个人的成功往往由多方面的因素组成。杨俊普今天的成绩，便与家庭及工作团队这两大背后的力量息息相关。

杨俊普说，工作忙到他连业余爱好下棋也放弃了，更无暇顾及家庭和孩子，近20年来，是妻子承担了照顾家庭的全部责任，若不是她，他不

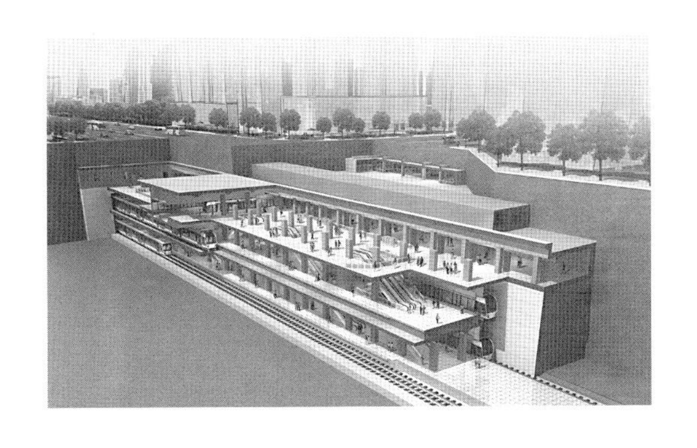

可能安心、专心地工作。“妻子也是我们集团的，兼顾工作的同时，也把家庭照顾得很好，从来没让我操心家里的事情，也不抱怨我没时间陪她。说起来我挺对不住她的，这么多年来一心都只扑在了事业上，对家庭的关心太少！”他对家人的感激，溢于言表。都说一个成功男人的背后就有一个默默支持他的女人，杨俊普身上印证了这一真理。

当然，杨俊普能干好事业也离不开工作团队的支持。一谈到团队，他的嘴角就不自觉地微笑，脸上满是自豪。他说他的团队非常优秀，成员年龄在26~60岁之间，大多数是40岁上下的中坚力量，他们跟他在一起工作很多年了，待遇倒是其次，主要是感到踏实和顺心。“我了解团队里的每一个人，在安排工作上也充分发挥他们的特长。他们就像我的耳、目、手、脚，我也像爱护自己的耳、目、手、脚一样爱护他们。工作上我虽然是领导，但私下里我们是很要好的朋友。我想大概就是因为这份和睦和我对待他们的真心，让他们愿意跟着我干事业。”杨俊普的话很朴实，这份朴实，是一名优秀总监理工程师的不忘初心，他深知没有团队的默默付出，他不可能“打江山”；这份朴实，更是他作为领导管理好手下团队的人格魅力所在：与单纯做技术工作相比，管理好一个团队是一门更难的艺术。

家庭，工作团队，这些背后的力量，是杨俊普抛开个人技术能力外，能干好工作的中心源头，中心稳，万事才能顺。

冷静思考监理新形势

改革的持续推进，几乎让所有的行业都面临着压力和挑战，价格放开，取消部分行政审批，建设领域“工程质量治理两年行动”、“五方责任主体”、“总监理工程师六项规定”……新机制、新常态已经成了时代的新标签。新形势下，监理行业该如何发展？作为总监理工程师，杨俊普陷入了沉思。他说，时代进步太快，监理人员整体素质跟不上发展，国家政策也不明朗，现在的监理，位置很尴尬，今后的日子可能会越来越艰难。

但是，艰难也会孕育着更大的机遇。中国的监理作为从国外学来的“舶来品”，有太多的中国特色，早期受政府强制监理“尚方宝剑”的保护，有部分监理纯属滥竽充数。杨俊普说，现在取消强制监理也是好事，真正有实力的监理企业就会在激烈的竞争中生存下来，那些实力弱小、滥竽充数的必将遭遇淘汰，最终大浪淘沙，剩下的都是真正有实力的“金子”。这是自然界优胜劣汰的

必然结果，也是充分发挥市场优化资源配置作用的必经之路。他觉得中国的监理应与国际市场接轨，多学习他人优秀的专业技能，提高综合素质，引进高科技设备，加强信息化建设，同时国家在制定相关法律法规和政策时多结合监理行业的发展实际，与时俱进。“监理完全脱离中国特色像国外那样发展几乎不可能，但是在技术上、在综合素质的提升和管理上真的应该多学习国外，国外的监理是非常专业的技术人才，社会地位很高。我们学习国外的先进经验时，要以‘中国特色’为中心，充分利用已有的资源优势，大企业做优做强，小企业做专做精，只有这样监理行业才能获得更大的生存空间。”

对于住建部的“两年行动”举措和新出台的“总监理工程师六项规定”，杨俊普高度认可。质量是工程的生命，他认为法律法规的建立只是起到提示作用，一个有责任感的总监理工程师，在任何时刻都应严格要求自己，并以自己为中心履行好质量安全责任，同时带领整个团队认真严格履职。“所有的要求，都是我们应该做到的，检查是为了促进和提高，也是行业发展的需要，有则改之，无则加勉。”他的话，永远都很朴实，但朴实中透着真理。

对年轻监理人的希望

年轻时候的杨俊普，赶在了监理发展比较好的时代，那时候，他们意气风发，信心满满。现在80、90后年轻一代的监理人们，面对国家大环境，有一些人对以后的职业生涯表露出了明显的担忧。怎么办？年轻一代的监理人何去何从？

杨俊普说，凡事有利有弊，改革势必会对监理造成“大洗牌”，但谁都不能说以后的监理制度就不会发展好。他希望年轻的监理人要守得住，首先要苦练内功，培养读图、审图能力和综合分析、验证、抽象思考能力，熟悉法律法规和各项规定，打好扎实的理论基础并积累丰富的实践经验；其次要有职业道德，要严格守法，认真履职，脚踏实地地工作。

“凡事都需要一个过程，我希望我们的监理人特别是年轻一代的监理人，既然选择了并热爱着监理这份职业，就一定要坚持下去并把它做好。没有耐心是做不成事的，任何事情都是这样。但只要下定决心来做一件事情，就一定能够成功！”

杨俊普说这句话时，语气相当肯定有力。

这个踏实、稳重、看上去“中规中矩”的男人，最终也以一句“中规中矩”的回答结束了采访。有人说，中规中矩、踏实稳定，是无聊而庸常的人生，最终仅能成为“中国式精英”，不是真正的成功。但是，芸芸众生，能出现一位精英，管他中国还是外国，就已经是大多数人很难企及的非凡成就了，不是吗？以“中”为源，成就非凡，此乃充实而不俗的人生！

持续发展之本　创新发展之路
——“穗芳建咨”的创新发展历程

广州市穗芳建设咨询监理有限公司　彭晖

摘　要：“穗芳建咨”成立于改革开放的前沿，成长于改革开放的前沿，企业成长始终以创新为持续发展的根本。立足于为客户创造价值，不断开拓增值业务，是“穗芳建咨”成立15年以来发展的真实写照。创新的发展不但融入了战略层面的通过股改成为公众企业，也融入了咨询业务的增值特色服务、成本管控以及应对未来挑战的方方面面。

广州市穗芳建设咨询监理有限公司（简称“穗芳建咨”）自1999年5月成立以来，依托工程项目管理、监理及招标代理等主营业务，不断开拓创新具有特色的增值业务。秉持创新发展的理念，通过建立科学、高效的管理机制确保在企业内部保持和谐、积极、顺畅的沟通与交流渠道，致力于打造和不断发展“团结、健康和积极向上”的企业文化，努力实践“诚信守约、优质高效、管控风险、创造价值、客户满意、社会认同”的管理方针。企业从无到有，发展到目前具有综合监理甲级、工程招标代理甲级、政府采购招标代理以及中央投资项目招标代理等资质的多元化业务的民企。为客户创造价值的咨询服务获得了广大业主的认可，诚信守约的经营得到了同行和社会的高度认同，近年在广东地区工程建设监理行业民营企业中综合排名始终保持前列。穗芳建咨所有点滴成绩的取得都是始终坚持把创新视为企业持续发展的生命线，立足于为客户创造价值，多年以来秉持创新发展理念、不断实践的写照。

一、创新发展之引入股权结构改造，经营、管理体制升级转型

经济全球化的发展进程，对传统体制的监理企业带来了巨大的冲击，它们已经很难适应市场经济发展的需要。同时，取消强制监理的试点和政府定价向市场定价转移，也给监理企业带来了巨大的挑战。监理企业要生存、要发展，在企业的经营模式上必须有“突破性”创新。按照市场经济规律，企业的经营模式则受企业体制的限制和制约，要创新企业的经营模式，必须从企业体制改革着手。2012年底，国家大力推行中小企业股权交易平台——“三板”，这是“穗芳建咨”“脱胎换骨”走上前台、进入公众视野的大好时机。“穗芳建咨”把握住了这次历史机遇，在2013年花了六个月时间进行企业股权结构改造，企业体制进行升级转型。2014年1月24日，“穗芳建咨”在上海股权交易中心成功“敲锣”挂牌，成为全国首批挂牌监理企业（企业简称：“穗芳建咨”，编号200467），

完成了穗芳建咨的华丽转身。挂牌上市，为企业发展提供了强有力的资金保障，企业成为公众公司，站在与国内许多知名企业一样的平台上，企业的经营管理可能获得“突破性”的发展。首先，在企业经营中，创造了获得更多更广客户资源的机会，也创造了有利于企业向公众展示自己的机缘，产生了巨大的广告效应。其次，在企业的经营模式上，企业可做更高层次的经营战略定位。“穗芳建咨”挂牌后，进一步推动了企业的升级转型，以更专业的经营管理来面对更多的市场竞争，这体现在：

1. 规范治理：规范的公司治理是获取金融服务的基础前提，也是实现可持续发展、确保基业长青的根本保障。在挂牌期间，“穗芳建咨”将建立现代企业法人结构，梳理规范业务流程和内部控制制度，大大提升公司经营决策的有效性和风险防控能力。挂牌后，上海股权托管交易中心还将对公司进行持续督导，保障公司持续性规范发展。

2. 股票转让：挂牌后，公司的股票可以在全国股份转让系统公开转让，为公司股东、高管以及创投、风投和 PE 等机构提供退出渠道，同时也为看好公司发展的外部投资者提供进入的渠道。

3. 价值发现：挂牌后，市场将充分挖掘公司股权价值，有效提升公司股权的估值水平，充分体现公司的成长性。

4. 直接融资：全国股份转让系统“小额、快速、按需”融资模式符合上市公司发展的需求特征，可以通过股票发行、公司债券、优先股等多种工具进行融资。

5. 信用增进：“穗芳建咨”挂牌后作为公众公司纳入证监会统一监管，履行了充分、及时、完整的信息披露义务，信用增进效应十分明显。在获取直接融资的同时，也可通过信用评级以及市场化定价进行股权抵押获取商业银行贷款。

股权结构改造，经营、管理体制升级转型后，建立了一系列完善的有关管理、人才、合同等方面的制度，以确保完善管理、资源优化和企业的持续发展，同时新老客户对公司的信赖度明显提升，在新市场开拓中对经营业绩的提升效应十分明显。

二、创新发展之工程管理水平的进步与提高和管理手段的创新

公司与美国著名的 NV5 等国际咨询行业巨头以及国内著名的旅欧、旅美咨询行业专家建立了战略合作伙伴关系，在咨询服务中，不断提高咨询服务水平，不断提高项目预控和管控风险的能力，不断注入国际先进管理理念，不断将项目管理元素注入监理业务的服务。从 2003 年开始，公司就开始为外资项目如日本三菱重工、新日本石油、德国海瑞克隧道机械、美国沙多玛化工等提供了项目管理式的监理服务，赢得和稳定了大批外资业务和客户。

近年来，公司引进“阿米巴”模式，对企业经营活动的各个环节进行规范化成本核算。对项目经营、各项目实施阶段、公司后勤保障服务的各个环节进行管理创新，在不断开拓外部业务的同时，公司也极为注重内部管理、实现公司经营和管理共同发展创新思路；不断推进和完善“五化”式工作机制，包括：（1）标准化工作体系；（2）特色化专业服务准则；（3）信息化管理系统；（4）常态化诚信评价管理体系；（5）制度化风险管控机制；以期实现跨越式的发展。

2013 年，公司通过与监理行业管理软件的多次研讨，开发设计出适合公司的监理行业软件，通过软件对各领域、各部门，甚至是各项目进行监督监控。运用现代企业管理理念、项目管理思想和信息技术，围绕企业经营管理和项目（生产）管控两个层面，推进市场经营、项目管控、资源管理、客户服务、知识管理的数字化、网络化、集成化；建立支撑企业内部核心价值链运转的信息有序共享、快速高效的管控体系，实现信息处理数字化、信息组织集成化、信息传递网络化、业务管理流程化。

三、创新发展之监理业务差异化、专业化、多元化拓展的创新

监理业务差异化、专业化、多元化拓展一直是公司秉承的经营发展策略。近年来，各种市场因

素发生了重大变化，依赖政府扶持的监理企业将不能获得持久、健康发展，企业的领导靠以往经验及企业的信誉维持原有的市场份额，已经非常不现实，制订选择实现战略目标的行动方案，在市场空白地带越来越小的情况下，监理企业力求长期生存和持续发展，选择差异化、专业化、多元化竞争战略将是生存和发展的法宝。1. 以质量为基础、以诚信为根本，切实提高企业的服务水平的社会资源优势。2. 根据客户需要提供组合服务，为服务合理定价，努力把服务项目变得更加灵活，把服务分为标准服务和可供选择的服务项目。把标准服务限定于某一市场绝大多数客户都很看重的工程监理服务，在继续提供基本的标准服务的同时，把造价咨询、项目管理、招投标代理等定为可供选择的服务项目。在构建监理组合服务时，使这些组合服务项目与众不同，而且切合高价值客户的需要。3. 创新性的服务：向客户提供有别于传统模式的监理服务，创新监理服务思维，提高核心竞争力。4. 附加服务。公司在提高客户的满意度以外，为客户提供其他一些增值服务，例如：利用在长期从事工程建设管理服务中积累的经验，以专业上的优势、社会资源的优势为客户提供附加服务。

近年来，公司按照市场实现资源优化配置的规律，在市场需求多样化情况下，逐步建立多领域、多层次，适应客户的多种需求的经营模式，逐步发展成为具有不同特点和服务能力的多元化、差异化企业，实现企业能力、服务内容互补的多层次、差异化企业结构，逐步形成基础型（提供施工阶段监理）和中、高端型（能够提供技术咨询和管理服务）相结合与互补的企业类型结构，形成以基础型占主体的金字塔式企业结构。

尤其是多样化服务方面，公司积累了丰富的经验。早在2000年初期，公司就开始为客户提供监理服务以外的多元化服务，例如广州多个城中村既有村民建筑的勘察和测绘，为公司赢得了第一桶金的同时也打下了良好的客户基础，为最近几年的城中村改造赢得了许多客户资源。近年来，公司将监理主营业务向前后进行了拓展和延伸。一方面将传统监理业务向前，向项目管理、可研、投资咨询、BT、BOT，甚至合资开发方面拓展。如2014年8月广州南沙区政府要求南沙区科技委调研的《广州南沙区开发建设力量优化整合的建议报告》就是委托公司编写的。另一方面，向后可向项目后评价阶段延伸，如公司现正在开展的农行广东省分行逐个对全省1800多个营业网点的设计、施工、监理、家具供应商、IV构件供应商进行第三方质量评价业务、中船集团造船集约基地的产权梳理办理业务、公司与“华测检测”合作开展的检测试验室业务。目前，公司已将战略目光投向了城市深隧、高铁等轨道交通、绿色建筑等领域。

四、创新发展之监理技术创新、绿色环保与节能，IT与BIM应用

随着工程建设规模、复杂程度和科技含量不断提高，全国乃至国际市场不断融合，施工阶段监理难度、技术标准和管理水平要求越来越高，尤其是近两年国家行政管理体制的改革，绿色环保与节能等新兴行业的兴起以及IT与BIM在项目全过程管理中的广泛应用，监理企业面临前所未有的挑战和巨大的历史机遇。为了应对新形势下监理行业发展态势，公司前两年就在信息化水平、技术标准、检测手段和管理能力等各方面实现全面升级，逐步实现依靠现代化技术、现代化手段和现代化程序管控施工阶段现场质量安全，而不是长期停留在单纯依靠人力现场监督简单的工作方式上。2013年，公司组建了新型业务和高新技术研发团队，研发和开展了环保评价、绿色建筑、B1M等新型业务。2014年9月，公司与监理行业龙头老大——上海建科工程咨询有限公司联合在广州南沙新区举行了“穗芳建咨与上海建科经营战略研讨会”，研讨会汇集了“穗芳建咨”与“上海建科”的经营、管理、研发团队和精英，也邀请了部分驻南沙外资企业客户如日本三菱重工、德国海瑞克隧道机械、美国沙多玛化工等客户代表参加，会上，与会人员就监理行业以及新兴领域的发展战略、环保评价、绿色建

筑、B1M 等新型业务的研发、拓展和应用进行了研讨，对未来公司发展战略的定位起到了积极的指导和引导作用。

五、创新发展之代建制、项目管理、合作监理、外资项目监理

公司在代建制、项目管理方面业务开展和实施起步较早。早在 2002 年开始，广州南沙建设初期，公司就与第一批进驻南沙如日本三菱重工、德国海瑞克、美国沙多玛等外资企业形成了业务合作关系，业务开展都是代建制、项目管理模式，业主的需求较高、要求较严，而且合作模式、需求和要求各异。针对不同特点的客户群体，公司经过详细的调研和与不同客户的不断沟通，建立相应的项目管理班子，通过公司项目管理人员不懈的努力，项目如期完成并达到客户要求的建设目标，逐步取得了客户的信任和认可，维系和稳定了一大批外资客户资源，也为公司代建制、项目管理业务的开展奠定了良好的客户基础和技术基础。

近年来，公司代建制、项目管理业务得到了长足的发展，代建制、项目管理业务单项合同额越来越高，业务份额也越来越大，代建制、项目管理业务占比公司业务的比率也呈逐年上升趋势，由 2002 年的 8% 上升到 2013 年的 40%；代建制、项目管理业务的客户群和客户资源也在不断地拓展，由外资客戶群体发展到外资企业、民营企业、国有企业、政府机关等客戶群；业务类型也由单一的厂房工程拓展到囊括厂房类、道路桥梁公园等基础设施建设类及医院、图书馆、体育馆、会展中心等公共建筑类。

合作监理：公司一直以来与监理同行都保持着健康、正常、稳定的合作关系，而且在 2005 年就与上海外建［现英泰克工程顾问（上海）有限公司］合作监理广州大学城中心冷站及城区综合管网工程监理，2013 年与上海建科在广州南沙新区设立分公司，合作开展广州南沙新区咨询服务业务。

外资业务监理一直占据着公司咨询业务 25%~35% 份额，长期合作的外资企业有日本三菱重工、日本新日石、日本二宫、中国台湾台一铜业、德国海瑞克、美国沙多玛、新加坡凯德置地、恒美印务（香港）、新世界中国地产（香港）、远东集团广州星侨地产（香港）等一大批外资、港资、台资企业，并维持着长期、稳定的合作关系。

六、创新发展之队伍建设：从“感情留人”、“待遇留人”到“事业留人”

在不断开拓外部业务的同时，公司也极为注重内部人才的培训和团队建设，不断引进高、尖、精人才，实现公司经营管理与人才梯队同步、共同发展。公司利用股份制改造的契机，以吸收员工入股和给予骨干奖励股份的创新思路，实现企业与员工的共同发展，把公司的目标同员工的发展构筑成一个生命共同体，提供创造性的工作氛围，激发人的潜能，保持员工的自我驱动力，打造出公司强有力的核心骨干团队。

在人力资源管理方面，公司引入国际知名管理咨询公司怡安翰威特（AON Hewitt），按照国际化标准建立科学系统的企业管理体系，致力于打造更加专业的企业组织架构、薪酬体系以及绩效管理体系，全面系统地规划员工的职业生涯和职业规划，打造员工的职业发展平台，建立员工职业发展通道，公司团队建设和人力资源战略从“感情留人”、“待遇留人”发展到目前和未来的“事业留人”，为公司发展奠定了良好、坚实的基础。

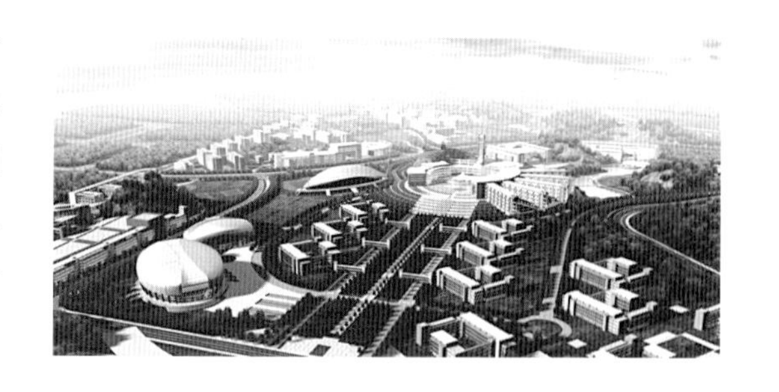

开拓谋生存　创新求发展

山西神剑建设监理有限公司　林群

山西神剑建设监理有限公司成立于1992年，现有房屋建筑、机电安装、化工石油和市政公用甲级等工程监理资质，1997年成为山西省第一批拥有工程监理、工程造价及工程咨询甲级资质的“三甲”企业。2006年根据山西省政府要求进行了股份制改造，国有股份全部退出，企业全部股份由自然人持有。改制前由于体制、经营、市场等诸多原因，公司年合同额、营业额均不足五百万，连年亏损、入不敷出、濒临倒闭。改制后重组的董事会及经营团队认真分析公司存在的问题，请专家为公司把脉查找“病灶”，制定医治方案，同时，董事会制定了十五年发展规划，把公司发展过程确定为三个平台，即：第一平台：开拓进取，解决生存问题；第二平台：创建神剑品牌，解决生存问题；第三平台：实现精细化、规范化、人性化管理，解决平稳、健康、持续发展的问题，并计划每一平台用五年时间完成。几年来，公司全体员工在经营团队的带领下克服重重困难、艰苦拼搏、奋发图强，至2013年公司各方面发生了翻天覆地的变化，年合同额由原来年均不足500万元提高到年均近4000万元。2013年创合同额近9000万元的历史新高，项目监理部亦由原来每年三四十个增长到每年一百五十个左右，职工人数增加到七百余人。至2011年公司基本解决了生存问题，进入到第二平台。公司计划2012~2016年用五年时间真正实现公司化管理，进而跃升到第三个平台，实现平稳、健康、可持续发展。梳理公司改制以来八年历程，归纳一些做法，供交流探讨，渴求同行点拨、纠正。

一、开拓谋生存

企业改制后，新的企业领导一班人首先认真分析了企业存在的问题，大家认为监理公司既定义为“企业”，必定要有“产品”，有“产品”必定要有客户，工程监理企业的“产品”即为服务，“客户”即为工程监理委托方。因此，我们必须同时做好两件事：一是抓好产品质量，提高产品性价比；二是抓好客户，提高市场占有率。如何做好这两件事呢?

1. 狠抓项目监理部

项目监理部是公司履行监理委托合同的最基本单元，是监理产品最主要的制造部门。我们一方面集中公司财力全部投入项目监理部，实行工衣、工帽，项目部标识，资料归档，检测器具，办公布置等七统一，大力提升外在形象；另一方面，增加各种例会及全员培训密度，使公司以最短时间实现“加强服务意识，提高服务水平”的目

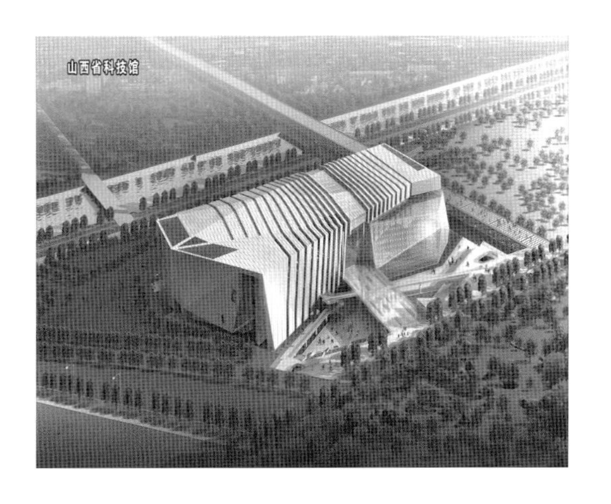

标，公司与每个项目总监签订“目标责任书”，并实施项目监理部考核制，将生产、安全责任落实到人头，工作绩效与工资挂钩，奖罚并举。同时，我们认识到监理资料是监理产品的重要载体，提高监理资料管理水平，一是能全面展现公司监理服务水平，二是能有效弥补监理人员平均素质偏低问题，因此我们连续四年将提升监理资料管理水平列为公司全年重点工作，通过对资料员及总监的培训、考核、定级及对现场资料的检查、指导，基本做到了项目部监理资料全面、及时、准确，得到了质量安全管理部门及业主的认可，屡次通过了住建部的节能、质量、安全等方面的检查并得到好评。经过数年的努力，公司项目监理部基本实现了监理人员专业配套齐全、年龄梯度合理、技术职称结构得当，数量满足需要，监理工作实现了管理与形象标准化，工作内容与程序规范化，整体与个体形象统一化。公司项目监理部管理水平和监理产品质量的有效提升，为公司加大市场份额、树立品牌、实现可持续发展打下了坚实基础。

2. 加强经营开发　提高市场占有率

我们认为，一个公司要立于不败之地，最终是要靠品牌，而品牌的树立要做好的第一件事便是要有相当的市场份额，不敢想像一个业务只占市场份额不到百分之一的公司如何能树立品牌。因此，我们在加强经营部力量，保证投标质量、提高中标率的同时，出台激励政策，号召公司全员参与市场开发。到2008年公司监理项目除本省外已拓展到内蒙古呼和浩特市、河北张家口、北京等地，合同额也由2005年的277万元增加至2000万元，到2013年公司监理合同额以每年30%以上的速度递增，在监项目数量也由50个增加到150个，职工人数增加至700余人。随着经营状况的好转，公司财务状况有了彻底转变，由亏损转为赢利，公司资产由几乎是零增加到近千万元。公司改制后经过五年的艰苦努力，到2011年已基本解决了生存问题，公司进入了良性循环状态。

二、创新求发展

项目数量有了，市场份额有了，如何能长时间地保住市场，树立“神剑”品牌，进而实现向管理要效益、向品牌要效益，实现公司可持续、健康、平稳发展，成为摆在公司领导一班人面前的大问题。经过研讨，大家达成共识：不断丰富产品内容，提高产品质量是解决所有问题的根本所在。为此，我们要解决好四个问题。一是产品生产部门的问题，公司机关所有职能部门全力服务好项目监理部，做好每一个项目监理部的建设，做到让业主满意，让行政主管部门放心。二是产品生产者的问题，加大对监理人员的全方位培训、考核、切实提高生产者的技能。三是产品产生过程问题，建章立

制，实现标准化、程序化、制度化管理，用标准程序生产标准产品。四是产品载体问题，采取各种办法，彻底解决监理资料问题，通过严格的监理资料管理办法反过来帮助解决产品生产者和产品生产过程存在的问题。基于上述认识，我们除了做好诸如项目监理部人员合理配备，加强监理队伍各种形式的培训，建立专家库，与业主及施工方加强联系沟通，建立制度、实行工资待遇与实际工作成效挂钩，强化项目监理部工作规范化、程序化理念，项目监理部实行标准化建设等外，重点做了两件事。一是在执行工程监理资料国标及地标的基础上，根据实际监理工作情况，制定了大部分关键监理资料的司标，实现了关键监理资料的标准化、格式化。比如在若干种不同项目的旁站记录中把此部位可能出现的十几种乃至几十种可能出现的问题全部罗列清楚。让旁站监理人员逐一排除并填报清楚；比如，在打桩过程中实行一桩一表，把每一根桩做详细的表格填空记录等。这样，我们同时解决了两个问题：一是实现了对监理工作详细、真实的记录，第二是有效解决了监理人员实际工作水平与工作要求的差距问题。坚持几年后，我们发现这样做极大地提高了项目部监理工作的真实性和监理产品的质量。二是为了实现公司对项目监理部的有效管理，公司在全省范围内首家设立了“督查部”，专人专车，对公司所有在监项目就监理资料、施工现场及与业主施工方关系协调等方面巡回督导，一是检查项目监理部工作存在的问题，二是针对存在的问题出具整改通知单，并根据整改回复单，持续督导，跟踪改进，对每个项目监理部督查后，形成专门的督查通报，提交公司领导和公司职能部门。督查部把所有监理项目划分为严重监理风险、一般监理风险、存在监理风险和潜在监理风险四个等级，并针对四个风险等级制定了相应的应对措施，督查部依据项目监理部的风险级别提出改进要求和建议，并跟踪相关部门和人员在规定时间内有效解决问题，同时，“督查通报”亦为公司管理层实现持续改进提供了事实依据。2013 年公司董事会为在五年内实现公司化管理，进而实现公司平稳、健康可持续发展之梦想，聘任了专职的公司总经理，实现了公司所有权与经营权的真正分离，经过近两年的运作，公司各方面管理都取得了长足的进步，使各项工作朝着精细化、规范化、人性化的方向发展。

我们有信心在不远的将来把“神剑”打造成一流的工程监理“专门店”，神剑人将一如既往地秉承“学习、创新、合作、共享、诚信、守法、服务、感恩”的公司理念，坚持以服务业主、贡献社会为己任，充分发挥自身的综合技术和管理优势，牢记“质量第一、安全第一”的方针，严把工程质量关，承担质量终身责任，以更专业的技术、更丰富的经验、更敬业的职业精神，为业主提供高效、优质的服务，与广大业主一同贡献社会，开创更美好的未来。

《中国建设监理与咨询》协办单位

北京市建设监理协会
会长：李伟

中国铁道工程建设协会
副秘书长兼监理委员会主任：肖上潘

京兴国际工程管理有限公司
执行董事兼总经理：李明安

北京兴电国际工程管理有限公司
董事长兼总经理：张铁明

北京五环国际工程管理有限公司
总经理：黄慧

北京海鑫工程监理公司
总经理：栾继强

中国水利水电建设工程咨询北京有限公司
总经理：孙晓博

鑫诚建设监理咨询有限公司
董事长：严弟勇　总经理：张国明

北京赛瑞斯国际工程咨询有限公司
董事长：路戈

北京希达建设监理有限责任公司
总经理：黄强

秦皇岛市广德监理有限公司
董事长：邵永民

山西省建设监理协会
会长：唐桂莲

山西省建设监理有限公司
董事长：田哲远

山西煤炭建设监理咨询公司
总经理：陈怀耀

山西和祥建通工程项目管理有限公司
执行董事：史鹏飞

太原理工大成工程有限公司
董事长：周晋华

山西省煤炭建设监理有限公司
总经理：苏锁成

山西震益工程建设监理有限公司
总经理：黄官狮

山西神剑建设监理有限公司
董事长：林群

山西共达建设项目管理有限公司
总经理：王京民

晋中市正元建设监理有限公司
执行董事兼总经理：李志涌

运城市金苑工程监理有限公司
董事长：卢尚武

山西协诚建设工程项目管理有限公司
董事长：高保庆

沈阳市工程监理咨询有限公司
董事长：王光友

上海建科工程咨询有限公司
总经理：何锡兴

上海振华工程咨询有限公司
总经理：沈煜琦

江苏省建设监理协会
秘书长：朱丰林

江苏誉达工程项目管理有限公司
董事长：李泉

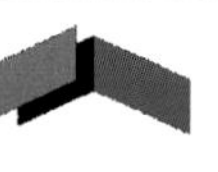

连云港市建设监理有限公司
董事长兼总经理：谢永庆

江苏赛华建设监理有限公司
董事长：王成武

浙江省建设工程监理管理协会
副会长兼秘书长：章钟

浙江江南工程管理股份有限公司
董事长总经理：李建军

浙江五洲工程项目管理有限公司
董事长：蒋廷令

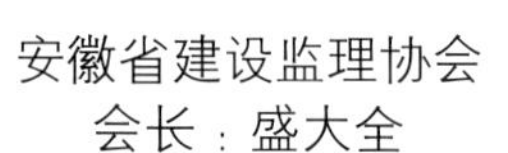

安徽省建设监理协会
会长：盛大全

合肥工大建设监理有限责任公司
总经理：王章虎

安徽省建设监理有限公司
董事长兼总经理：陈磊

厦门海投建设监理咨询有限公司
法人：陈仲超

萍乡市同济工程咨询监理有限公司

郑州中兴工程监理有限公司
执行董事兼总经理：李振文

中汽智达（洛阳）建设监理有限公司
董事长：刘耀民

河南建达工程建设监理公司
总经理：蒋晓东

郑州基业工程监理有限公司
董事长：潘彬

武汉华胜工程建设科技有限公司
董事长：汪成庆

长沙华星建设监理有限公司
总经理：胡志荣

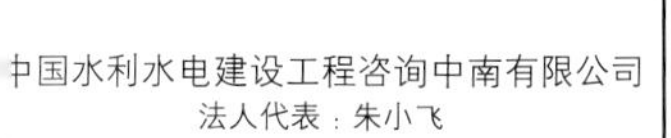

中国水利水电建设工程咨询中南有限公司
法人代表：朱小飞

深圳市监理工程师协会
副会长兼秘书长：冯际平

广州宏达工程顾问有限公司
公司负责人：罗伟峰

广东国信工程监理有限公司
董事长：李文

深圳大尚网络技术有限公司
总经理：乐铁毅

深圳科宇工程顾问有限公司
董事长：王苏夏

广东工程建设监理有限公司
总经理：毕德峰

广东华工工程建设监理有限公司
总经理：刘安石

重庆林鸥监理咨询有限公司
总经理：肖波

重庆赛迪工程咨询有限公司
总经理：冉鹏

重庆联盛建设项目管理有限公司
董事长兼总经理：雷开贵

重庆华兴工程咨询有限公司
董事长：胡明健

四川二滩国际工程咨询有限责任公司
董事长：赵雄飞

贵州建工监理咨询有限公司
总经理：张勤

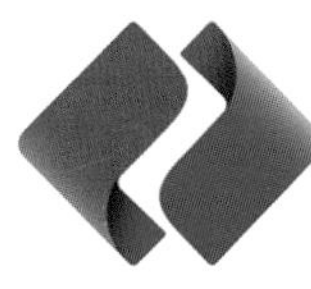

中国电建集团贵阳勘测设计研究院有限公司
总经理：潘继录

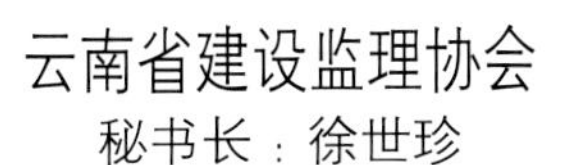

云南省建设监理协会
秘书长：徐世珍

云南新迪建设咨询监理有限公司
董事长兼总经理：杨丽

陕西永明项目管理有限公司
总经理：张平

西安高新建设监理有限责任公司
董事长兼总经理：范中东

西安铁一院工程咨询监理有限责任公司
总经理：杨南辉

西安普迈项目管理有限公司
董事长：王斌

西安四方建设监理有限责任公司
董事长：史勇忠

新疆昆仑工程监理有限责任公司
总经理：曹志勇

新疆天麒工程项目管理咨询有限责任公司
董事长：吕天军

重庆正信建设监理有限公司
董事长：程辉汉

河南省建设监理协会
常务副会长：赵艳华

北京中企建发监理咨询有限公司
总经理：王列平

云南国开建设监理咨询有限公司
执行董事兼总经理：张葆华

华春建设工程项目管理有限责任公司
董事长：程辉汉

山西省建设监理协会

山西省建设监理协会成立于1996年4月，近20年来，在省住建厅、中国建设监理协会以及省民间管理局的领导、指导下，山西监理行业发展迅速，已成为工程建设不可替代的重要组成。

从无到有，逐步壮大。随着改革开放的步伐，山西全省监理企业从1992年起的几家发展到2014年底的232家，其中综合资质企业2家，甲级企业74家、乙级企业99家、丙级企业57家。山西监理企业数量在全国排序第12位。协会现有会员192家，理事213人，常务理事71人，理事会领导20人。会员企业涉及煤炭、交通、电力、冶金、兵工、水利、教育诸多领域。

监理队伍，由弱到强。全省监理从业人员从刚起步的几十人发展到现在近30000人。其中，考取国家监理工程师执业资格6000余人（注册3870人），省级注册监理工程师8000余人，监理员2000余人，见证取样员10000余人，从业人员数全国排序15位。监理队伍不断壮大，企业实力逐年增强，且人员素质明显提高，赢得社会的广泛认可。

业务拓展，颇具规模。监理业务不仅覆盖了省内和国家在晋大部分重点工程项目，而且许多专业监理走出山西，参与省外相当规模的国家大型项目建设，还有部分企业走出国门，业务拓展至国际竞争，如委内瑞拉瓜里科河灌溉系统农业综合发展项目、纳米比亚北爆公司项目管理，吉尔吉斯坦硫窑项目管理，柬埔寨西哈努克港2×60MW燃煤电厂工程，印尼巴厘岛一期3×142MW燃煤电厂工程等。企业经营承揽合同额、营业收入、人均营业收入、监理收入逐年呈增长态势，整个监理行业对推进全省工程建设稳步发展发挥着重要的作用。

协会工作，效果明显。近年来，新一届理事会领导本着“三服务”（强烈的服务意识、过硬的服务本领、良好的服务效果）宗旨，带领培养协会团队，坚持为政府、为行业、为企业双向服务。紧密围绕企业这个重心，**一是**充分发挥桥梁纽带作用，开展行之有效的各种活动，增强凝聚力；**二是**指导引导行业健康发展，连续四年编写《山西省建设工程监理行业发展分析报告》；**三是**提高队伍素质，不仅在编写教材、优选教师、严格管理上下功夫，还举办各种讲座以及组织《监理规范》竞赛、《增强责任心 提高执行力》演讲比赛；**四是**抓诚信自律建设，进行明察暗访，公示结果；**五是**经验交流，推广监理资料、总监责任、企业文化等先进管理经验；**六是**办企业所盼，组织专家编辑《建设监理实务新解500问》等书籍；**七是**奖励激励，重奖百强企业和创优项目；**八是**扩大行业影响，提升队伍士气，慰问一线监理人员。协会的理论研究、宣传报道、培训教育、服务行业、反映诉求等工作卓有成效，对全省工程建设事业健康发展起到了积极的助推作用，在省内外略有影响，得到会员单位的拥护和主管部门的认可。协会有4人次被中国建设监理协会评为“优秀协会工作者”；山西省建设监理协会先后荣获中监协各类活动“组织奖”四次；山西省民政厅2011年、2013年两次授予协会“五A级社会组织”荣誉称号；山西省人社厅、山西省民政厅2013年授予“全省先进社会组织”荣誉称号；山西省建筑业工业联合会2014年授予“五一劳动奖状”荣誉称号；山西省住建厅表彰协会为“厅直属单位先进集体”。

面对肩负的责任和期望，我们将聚力共进，再创辉煌。

地址：太原市建设北路85号
邮编：030013
电话：0351-3580132 3580234
邮箱：sxjlxh@126.com
网址：www.sxjsjlxh.com

2014年5月协会郑丽丽副秘书长等带着万元慰问品到“晋中正元”小南庄整体搬迁安置工程项目监理部慰问

2013年5月，协会出资3万余元购买电脑10台赠送十个项目监理部，送科技、促管理

中国社会组织评估等级证书

山西省建设监理协会

经评估，你会被评为5A级社会组织，特颁此证。

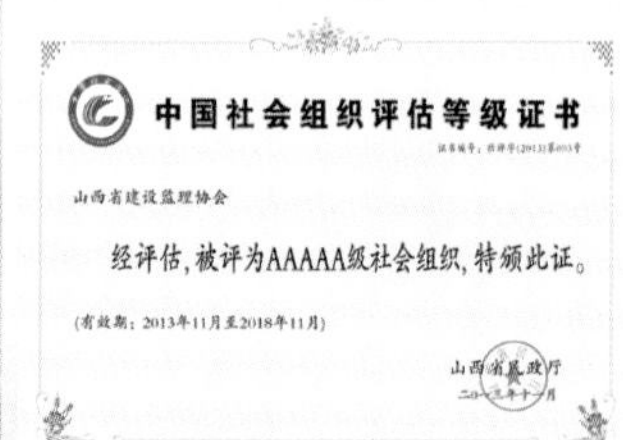

中国社会组织评估等级证书

山西省建设监理协会

经评估，被评为AAAAA级社会组织，特颁此证。

（有效期：2013年11月至2018年11月）

2011年6月、2013年11月，山西省建设监理协会两次荣获省民政厅“五A级社会组织”称号

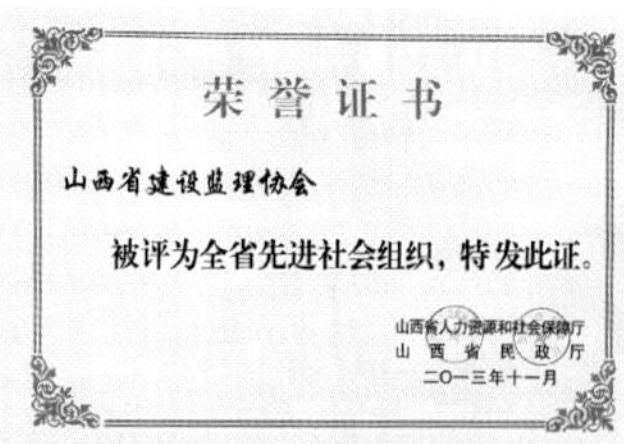

荣誉证书

山西省建设监理协会

被评为全省先进社会组织，特发此证。

山西省人力资源和社会保障厅
山西省民政厅
二〇一三年十一月

2013年11月，山西省人力资源和社会保障厅、山西省民政厅授予我会“全省先进社会组织”荣誉称号

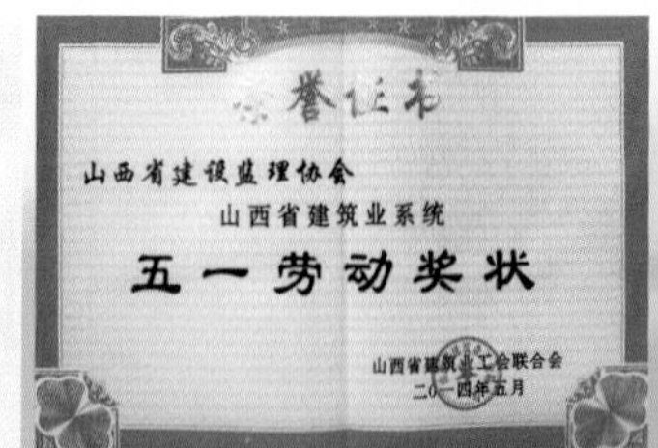

荣誉证书

山西省建设监理协会
山西省建筑业系统
五一劳动奖状

2014年5月，山西省建筑工业工会联合会授予我会山西省建筑业系统“五一劳动奖状”荣誉证书

云南省建设监理协会

云南省建设监理协会成立于1994年7月，是由在云南省境内从事工程监理及相关咨询服务业务的企事业单位或科研单位自愿组成的非营利性行业社团组织。其业务主管部门是云南省建设厅，社团登记管理机关是云南省民政厅。协会同时接受云南省建设厅和云南省民政厅的业务指导和监督管理。

本协会的宗旨：遵守宪法、法律、法规和国家政策，遵守社会道德风尚；贯彻执行国家和云南省有关工程监理的政策法规和行业发展战略；发挥桥梁纽带作用，沟通行业与政府、社会的联系；为会员、行业、政府和社会提供服务；反映行业诉求，维护行业利益和会员合法权益；制定行规行约，促进公平竞争，引导行业健康发展。2012年被省民政厅评为AAAA(4A)级社会组织。

截至2014年底有单位会员154家，其中综合资质3个，甲级37个，乙级48个，丙级65个，从业人员近2万人。

云南省建设监理协会

Yun Nan Sheng Jian She Jian Li Xie Hui

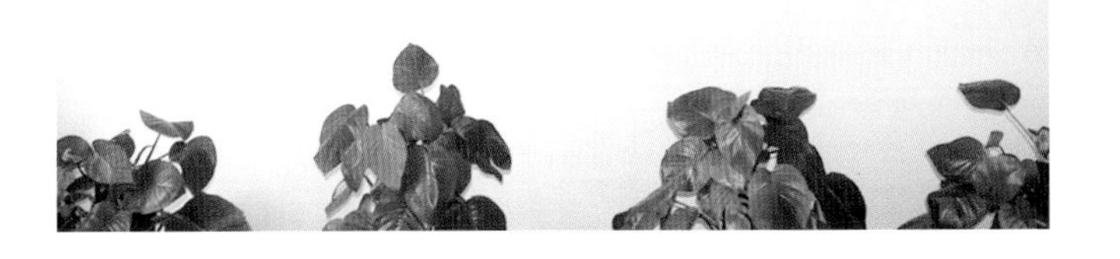

地　址：云南省昆明市滇池路799号滇池大厦三楼
电　话：0871－64133535

以高品质服务成就客户 以引领行业发展成就企业

热烈庆祝浙江江南工程管理股份有限公司成立

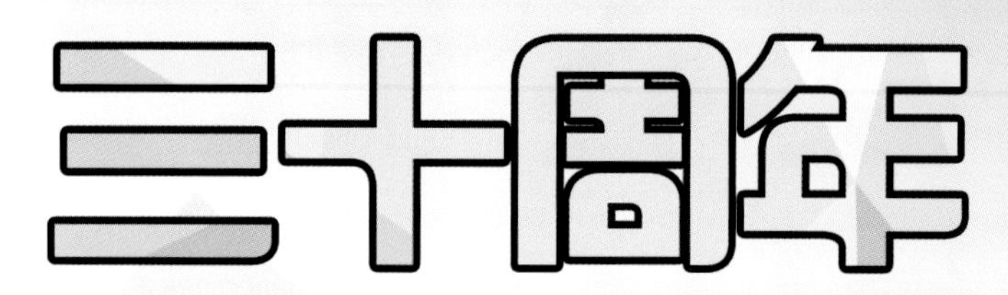

浙江江南工程管理股份有限公司创建于1985年，原为电子工业部直属工程建设类重点骨干企业，1988年开始试点从事建设监理业务，是全国首批获得监理甲级资质企业，2008年取得工程监理综合资质，同时也是全国最早从事项目管理与代建的企业。公司现有员工2100人，拥有国家级各类注册人员600余人。

目前，公司已完成700多项遍及全国各地的国家、省部级重点项目的工程咨询服务，每年完成的工程投资额达到1100多亿元，其中有100多个项目获得鲁班奖、詹天佑奖、中国钢结构金奖、国家优质工程奖等国家级荣誉。2014年，公司有4项工程荣膺鲁班奖。公司规模在浙江省监理行业中名列第一，在全国工程咨询行业百强榜中排名前三位。

卓越的工程业绩获得国家、省市各级政府和主管部门的认可，公司先后被建设部授予“全国建设管理先进单位”、“全国建设监理工作先进单位”、“中国建设监理行业创新发展20周年工程监理先进企业”和“共创鲁班奖优秀工程监理企业”，连续十年获评浙江省与杭州市企业信用AAA级“重合同、守信用单位”。为了表彰公司在工程质量方面所取得的成绩，2014年公司被住建部评为“全国工程质量安全管理优秀企业”。

展望未来，“江南管理”有信心依靠精湛的技术、优质的服务、科学的管理和卓越的品牌打造国内最知名的综合性工程咨询企业。

山西体育中心（鲁班奖、詹天佑奖）

中国科技五金城会展中心（鲁班奖）

苏州阳澄湖大酒店（鲁班奖）

地址：杭州市求是路8号公元大厦北楼11层

邮编：310013

电话：0571-87636300

传真：0571-85023362

网址：www.jnpm.cn

官方微信

官方网站

杭州火车东站（鲁班奖）

晋中市正元建设监理有限公司

晋中市正元建设监理有限公司成立于 1994 年 12 月，原名晋中市建设监理有限公司，于 2008 年 6 月经批准更名，是经山西省建设厅批准成立的具有独立法人资格、房屋建筑工程监理甲级、市政公用工程监理乙级资质的专业性建设监理公司。公司主营工业与民用建筑工程及市政建设工程的监理任务，兼营建设工程技术服务和技术咨询业务。公司拥有一支素质优良、业务精湛的职工队伍，现有员工 360 余人，其中国家、省级注册监理工程师 220 余人，注册造价工程师 3 人，注册一级建造师 4 人，注册安全工程师 1 人，具有高、中级技术职称的有 240 余人，其余人员都经山西省建设厅培训合格并取得了监理员岗位证书。

公司成立以来，建立健全了一套完备有效的管理运行机制，并于 2009 年顺利通过了 GB/T 19001-2008 质量管理体系认证，公司始终贯彻“规范管理、以诚取信”的经营宗旨，坚持“守法、诚信、公正、科学”的企业经营原则，坚持“以人为本”的管理理念，建立了较完善的质量体系，对员工进行严格考核，对现场规范管理，在本地区、本行业中逐渐打造出良好的企业品牌。公司先后承担了晋中城区及所属县、市 1300 多项、近 1200 万平方米各类工业与民用建筑的工程监理任务，工程合格率 100%，优良率 50% 以上。其中，晋中市公安局人民警察训练学校、和顺县煤炭交易大厦、晋中客货运输信息中心大楼、晋中市财政局档案局综合办公楼、新兴·君豪国际商住楼、经纬科技中心大楼、晋中市建设工程综合交易中心、晋中市国土资源局办公大楼、太谷中学实验楼、和顺一中实验楼、晋中市委市政府办公大楼、榆次中国银行营业大楼、晋中市国税局培训中心、介休市邮政住宅小区、山西农业大学 2# 学生公寓、田森 B 区住宅楼等工程均荣膺山西省建筑工程质量最高奖——汾水杯奖，另外，经纬科技中心大楼、田森佳园工程和灵石县实验小学教学楼等工程还荣获山西省太行杯土木工程大奖。同时，公司先后监理的一大批工程均被评为省优、市优工程。近年来，公司还还圆满完成了多项市政工程的监理任务，如玉湖公园改造及绿化工程、晋中市环城路亮化工程、体育公园土建及绿化工程、晋中市经纬绿地绿化工程、晋中市北部新城乡高压线网整合配套管道及道路工程、晋商公园一期、二期土建及绿化工程等工程，均得到了业主的充分肯定。

回首过去，公司以一流的服务受到了业主的一致好评，赢得了良好的社会信誉，同时，也得到了上级主管部门的充分肯定，连续多年被山西省建设厅、晋中市政府、晋中市建设局授予“省级先进监理单位”、“省建设监理企业安全生产先进单位”、“晋中市建设工作先进集体”等荣誉称号，2008 年被山西省建设监理协会授予“三晋工程监理企业二十强”荣誉称号，并于 2012 年 3 月 1 日“晋中市正元建设监理有限公司龙城高速公路房建监理合同段”被山西省劳动竞赛委员会授予“劳动集体三等功”荣誉称号。

展望未来，云程发轫。公司的发展融入着广大业主的支持和信任，公司将继续坚持“守法诚信，公正科学，真诚服务，精益求精”的质量方针，继续强化“一切服务于用户，一切服务于工程”的宗旨意识，不断进取、开拓创新，以更专业的知识、更科学的技术，更周到地为业主提供更优质的服务。

8650 部队医院

晋中市财政局办公大楼

三水职工住宅小区

山西华澳商贸职业学院主教学楼

榆次区小南庄整体搬迁安置综合项目

钰荣源小区

榆次开发区办公大楼

晋中市审计局办公大楼

晋中学院主楼

榆次一中

经　理：李志涌
电　话：0354-3031517
邮　编：030600
邮　箱：jzjl3031517@163.com

uzhou Management
五 洲 管 理

浙江五洲工程项目管理有限公司

浙江五洲工程项目管理有限公司是一家专业从事建筑服务的新型企业，总部位于浙江杭州。

公司以“创造价值，满意服务”为核心价值观，拥有包括综合监理、建筑设计、造价咨询、招标代理等20多项甲级资质，以工程设计、工程监理、工程代建为核心业务，以工程咨询、工程招标、工程造价为基础业务，以医院、学校、绿色工程建设管理为特色业务，以多元产品的按需组合为创新业务，能够为客户提供阶段性或一站式服务，是国内为数不多的资质全、实力强、服务广、发展快、创新多的综合性工程项目管理品牌服务商。

公司下设甲级设计院、医院管理公司、招标公司、造价公司等多家专业公司，员工总数超1300人，年新增合同额6亿元，住建部监理企业综合排名前十，并先后荣获国家级高新技术企业、全国优秀监理企业、浙江省优秀监理企业、首批全国建设工程项目管理先进单位、全国医院基建十佳供应商、全国企业党建工作先进单位、浙商最具投资价值企业等荣誉称号。

作为国内最早提出“建筑服务业”概念的企业，五洲管理通过多年实践探索，积累了丰富的管理经验，建立了强大的数据库。公司通过信息化、标准化、制度化“三化”手段，创新实施“精前端，强后台”监管模式，为工程项目的远程异地管理提供了更佳的解决方案；依托全资质全专业人才团队建设，为工程建设过程中的各类管理问题、技术难题提供了强大的后台支撑；通过企业党委为抓手“强党建强发展”，用文化纽带引导员工行为，提升行业形象。

五洲管理是国内首家专业从事医院建设管理服务的企业，已累计服务各类医院60余所，总建筑面积超过500万m^2，管理累计投资超300亿元，能够为客户提供医院建设全过程项目管理、代建、监理、设计总承包、监理延伸项目管理等服务；同时，公司累计参与设计、监理、代建的学校工程达30多所，涵盖高等院校、专科院校、中小学校、幼儿园、残疾人学校等各种类型。目前，公司已初步形成了医院、学校、综合体、文体场馆、市政等多个领域的特色产品，成为众多高端客户首选的建筑服务品牌。

以打造项目管理型工程公司为愿景的五洲管理，正扬帆行驶在建筑业改革发展的浪潮中。面对新常态下的行业环境与市场需求，公司积极实施两跨发展战略，加大新市场、新领域的开拓，并竭诚欢迎志同道合者加盟企业，以互联互通为抓手，以深度合作为前导，寻求多形式多方共赢合作空间，共同激发建筑服务业市场的整体活力。

部分案例

中国人寿大厦

杭州中心武林地铁上盖物业

浙江大学医学院附属第一医院

南京浦口新城医疗中心

杭州白马湖动漫博物馆

热线电话 400-186-5200

电话：0571-56975023　传真：0571-56975131

网址：http://www.wzpm.com.cn　E-mail：wzpm@wzpm.com.cn

地址：浙江省杭州市滨江区东信大道688号志成大厦

中国水利水电建设工程咨询中南有限公司

HYDROCHINA MID-SOUTH ENGINEERING & CONSULTING CO.,LTD.

执行董事兼总经理　　朱小飞

中国水利水电建设工程咨询中南有限公司（以下简称中南公司）是中国电建集团中南勘测设计研究院有限公司于 1988 年 2 月组建的全资子公司。主要业务范围为工程监理、工程咨询、招标代理和项目管理及工程总承包。

中南公司是我国工程建设监理的开拓者，是建设部核定的全国首批“甲级监理单位”，获得国家发改委“甲级工程咨询资格证书”、电力工业部“甲级监理单位资质等级证书”、水利部“建设监理单位甲级资质等级证书”以及招标代理、项目管理等资质证书。

中南公司积极推行管理体系和卓越绩效管理模式，质量、环境与职业健康安全管理体系通过了认证，且运行良好。

公司技术力量雄厚、专业配套齐全、装备先进。现有员工 798 人，其中初级职称以上工程技术、经济及管理人才 739 名，各类执业（职业）资格证书 803 个。

广东惠州抽水蓄能电站

公司秉承“为工程服务、为业主服务、为社会服务”的理念，历经近 30 年的不断实践和打造，创立了“广蓄监理”等先进管理模式，建立了一支优秀的工程建设管理和监理工程师团队。先后 9 人荣获全国和湖南等省优秀总监理工程师，13 人荣获全国和湖南等省优秀监理工程师。在水电、抽水蓄能、建筑、市政、交通、风电等工程建设方面积累了丰富的建设管理经验，尤其是大型水电站、抽水蓄能电站、岩溶地区电站、大型地下工程、大型通航建筑物等建设方面享有良好的声誉。

中南公司各项管理制度完善，机构健全，专业齐全，服务到位，所监理工程质量、进度、投资和安健环控制等方面取得了显著绩效，屡获建设单位和政府部门的高度评价和表彰。中南公司先后荣获得国家级奖励 36 项、省部级奖励 61 项。6 次被建设部和中国建设监理协会授予“中国工程监理行业先进工程监理企业”称号；连续入选“全国工程建设百强监理单位”、湖南省“守合同重信用单位”；荣获“全国电力行业实施卓越绩效模式先进企业”、“湖南省省长质量奖”；连续 6 次被湖南省建设监理协会授予“湖南省先进工程监理企业”称号；2 次荣获“共创鲁班奖工程监理企业”等称号。

长江三峡双线五级船闸

广西龙滩水电站

金沙江溪洛渡水电站

近年来，通过不断深化改革，已步入拓市场、强管理、树品牌的快速发展道路，正积极推行战略创新、观念创新、技术创新和管理创新，坚持以顾客、社会和企业员工等相关方的利益并重，稳步建设技术和工程管理为核心的项目管理公司，以创建精品工程为目标，追求卓越，提升服务质量和水平，努力为国内外顾客提供满意的产品和服务。

中南公司真诚期待与海内外各界朋友继续加强广泛的交流与合作，让我们为人与自然更和谐的相处、为绿色洁净能源更合理的开发携手并进，共同谱写人类与环境及能源协调发展的新华章。

地　址：长沙市雨花区香樟东路 30 号博远大厦 15 层
电　话：0731-85072088
传　真：0731-85075205
E-mail：msdiscb@163.com

中国电建集团贵阳勘测设计研究院有限公司

中国电建集团贵阳勘测设计研究院有限公司（以下简称“公司”）创建于 1958 年 8 月，为原国家电力公司直属七大水电勘测设计单位之一，是具有独立法人地位的，集勘测、设计、科研、咨询、监理、总承包和项目管理于一体的国家级大型综合甲级勘察设计单位，注册资金 66000 万元。持有国家颁发的工程设计综合资质甲级、工程勘察综合类甲级、测绘、工程咨询、工程承包、工业与民用建筑设计、工程监理、环境评价、水土保持等 18 项甲级资格证书以及建材试验（一级）、压力容器设计（一、二类）、进出口企业等资格证书。其中工程建设监理资质包括：水利工程施工监理甲级、水利水电工程监理甲级、房屋建筑工程监理甲级、电力工程监理甲级、市政公用工程监理甲级，还可以开展相应类别建设工程的项目管理、技术咨询、水利工程建设环境保护监理等业务。

公司现有在职职工 1310 人，其中：国家级勘察设计大师 1 人、教授级高级工程师 107 人，具有副高级职称的专业技术人员 260 人，具有中级职称的专业技术人员 452 人，具有初级技术职称的人员 204 人。获得国家一级注册结构工程师执业资格的有 37 人，国家一级注册建筑师 4 人、注册造价师 17 人、注册咨询工程师 99 人、注册土木工程师 102 人、国家注册电气师 11 人、注册公用设备工程师 4 人、注册一级建造师 25 人、注册环评工程师 17 人、注册安全工程师 200 人，持有监理执业资证书的工程师有 310 人，涵盖了水工建筑、工业与民用建筑、消防及暖通、建筑材料、科研试验、工程观测、工程地质、工程测量、工程物探、岩土工程、施工管理、项目管理、水文及规划、水能及水动、机电及安装、金属结构、工程经济等十余种专业。

公司 1986 年进入工程建设监理市场以来，已先后承担了上百个大中小型工程监理项目，涵盖水利、水电站、电力、风电、太阳能、公路及桥梁、市政、房屋、环保、水库移民安置工程等范围，积累了丰富的工程监理经验和业绩，所监理的工程（如锦屏水电枢纽工程锦屏山隧道工程施工监理获得第十一届中国土木工程詹天佑奖，贵广一回 ±500kV 直流输电工程施工监理获得国家优质工程银质奖等）获得国家及省部委颁发的各类奖 26 项。2008 年以来，公司坚决执行“主业西移、多元经营、国外发展”的战略方针，监理业务取得长足发展，合同业务连续 5 年保持 10% 以上的增长；奋战在工程项目一线的全体员工，秉持“严格监理，热情服务”的宗旨，群策群力，攻坚克难，谱写了一个个辉煌的篇章。

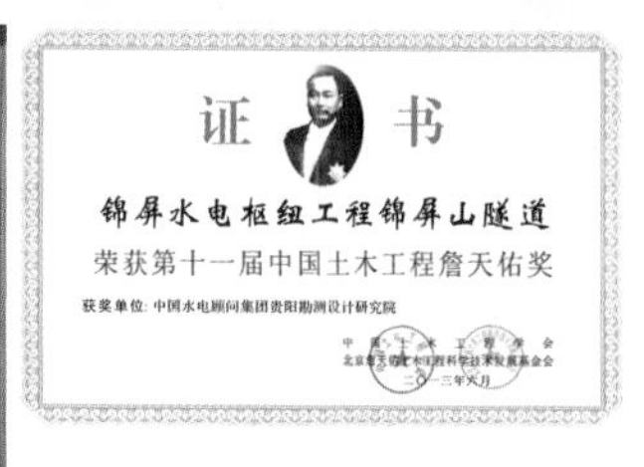
证 书

锦屏水电枢纽工程锦屏山隧道

荣获第十一届中国土木工程詹天佑奖

获奖单位：中国水电顾问集团贵阳勘测设计研究院

毛家河水电站大坝

上通坝水电站大坝

溪古水电站厂房

溪古水电站大坝

总经理　王莉

诚信创优 5A 级单位

公司大厅照片

西安地铁 2 号线项目

陕西医学高等专科学校新校区体育场项目

陕西榆林榆溪河项目

西安市工程交易中心项目

西安日报社项目

华春

华春建设工程项目管理有限责任公司

华春建设工程项目管理有限责任公司成立于 1992 年，注册资金 3000 万元，现拥有招标代理、造价咨询、政府采购、中央投资招标代理、房屋建筑工程监理 5 个国家甲级资质，及机电产品国际招标机构资格、乙级市政公用工程监理、工程咨询、丙级人防监理、陕西省壹级装饰装修招标代理、军工涉密业务咨询服务安全保密条件备案资质和陕西省司法厅司法鉴定机构、西安仲裁委员会司法鉴定机构等 10 多个资质，2005 年在行业内率先通过 ISO9001：2000 国际质量管理体系认证，在北京、河南、湖南、重庆、四川、西藏、新疆等地成立了 140 多家项目管理子分公司，现拥有各类专业技术人员 257 人，现有 50 多位高级职称人员、260 多位中级职称人员、77 位注册造价工程师、11 位工程造价司法鉴定人员、40 多位一级注册建造师和国家注册监理工程师、46 位招标师，并组建了由 30 个专业、1200 多名专家组成的评标专家库，是一家综合性服务型的建设工程项目管理企业。

华春公司历年来重视党的建设，2007 年 8 月，经中共西安市碑林区委组织部批准，成立中共陕西华春建设工程项目管理有限责任公司党支部，同年，经上级批准，公司还成立了公司工会。公司现有中共党员 150 多名，2014 年 9 月经碑林区委组织部批准成立了华春公司党总支。自党总支成立以来增强了全员凝聚力、向心力和战斗力，传播了正能量，促进了公司业绩的提高。

华春公司以名实相符的资质等级、严谨精湛的专业技能、诚信务实的工作作风积极参与房建、水利、铁路、地铁、市政、公路、电力、化工、桥梁等各类项目，近年来，先后完成了西安地铁二号线、榆林朝阳大桥、汇森铁路、北元化工、延长石油、西安西三环枣园立交、安康毛坝高速、榆林榆溪河治理、终南山隧道、秦正华府等近万个工程的项目管理、全过程造价控制、造价咨询、价格评审、招标代理、工程监理、司法鉴定等业务。

华春注重提升自我，努力成为同行之强。公司先后荣获陕西省工商局 2014 年度“守合同重信用”企业，2014 招标代理机构诚信创优 5A 级先进单位，2014 年全国招标代理诚信先进单位，2014 年“华春杯”全国征文大赛优秀组织奖，2014 年陕西省“五位一体”信用建设先进单位，2013 年全国建筑市场与招标投标行业先进单位，2013 年度基础设施先进单位，2013 年度全国工程造价咨询企业造价咨询百强排名位列第 60 名，2013 年度全国工程造价咨询中介服务类企业造价咨询百强排名位列第 51 名，2011 年、2012 年陕西省工程造价咨询行业二十强企业第二名等 40 多项荣誉称号；并先后成为中国土木工程学会建筑市场与招标投标研究分会常务理事单位、中国招标投标协会理事单位、中国建设工程造价管理协会理事单位、中国建设监理协会会员单位、西安市建设监理协会理事单位等 20 多个社会地位。

华春愿立足陕西，面向全国，诚挚接受各类专业的技术服务，充分发挥专业、规范、周全的品牌核心价值作用，着力为建设工程项目管理行业注入新活力，打造出四季如春的建设工程咨询服务事业，誓为建设工程咨询领域描绘一个又一个灿烂的春天。

长城咨询

服务为先呵护安全质量
指导为上追求百年大计

——河南长城铁路工程建设咨询有限公司与您同行

河南长城铁路工程建设咨询有限公司成立于1992年，是一家以铁路、公路、房建、市政、设备安装监理及工程咨询、招标代理为主的综合性咨询企业。公司具有国家建设部铁路工程监理甲级、公路工程监理甲级、市政公用工程（含地铁工程）监理甲级、房屋建筑工程监理甲级、机电安装监理甲级资质，同时拥有国家交通部公路监理甲级资质以及试验检测、工程招标代理、设计咨询服务等资质，公司控股管理河南省铁路勘测设计有限公司。公司通过了ISO9001：2000质量体系认证、ISO4001：2004环境管理体系认证及OHSMS职业健康安全管理体系认证，现为中国建设监理协会会员单位、中国铁道工程建设协会建设监理专业委员会会员单位、河南省建设监理协会会员单位。

公司技术力量雄厚。公司长期在岗监理人员达700余人，其中拥有高级职称人员120多人，具有国家住建部、交通部、中国铁路总公司认定的各类注册监理工程师600余人，专业涵盖铁道、岩土、桥梁、隧道、市政、轻轨、房建、给排水、通信信号、电力及电气化等专业。

公司工作业绩斐然。公司成立20余年来，监理项目涉及铁路工程、公路工程、城市轨道交通工程、市政工程、房屋建筑工程、港口工程及国家援外工程项目等，承接的监理项目愈500项。公司承担监理的大中型建设项目有兰新二线、宝兰客专、沪汉蓉快速客运通道、南钦客专、钦防客专、沪昆客专（与美国哈莫尼公司组成联合体）、郑徐客专（与美国哈莫尼公司组成联合体）等多条高铁客运专线，兰渝铁路、渝黔铁路、大瑞铁路、晋中南通道（重载铁路）等多条干线铁路，郑州至开封、郑州至机场等多条城际铁路，郑州地铁一号线、二号线、四号线、五号线等其他城市轨道地铁项目及多个铁路营业线改造项目，同时承担了多条高速公路、国家重点项目南水北调工程总干渠与铁路交叉工程、多个城市立交、高架快速通道、城市管网等大型市政项目、多个房建项目及国家援助巴基斯坦公路等援外项目的监理任务，承担的监理项目遍布祖国大江南北，多个工程项目获得国家及省部级奖励。

公司企业文化深厚。多年来，公司秉承“干一个项目，树一座丰碑、交一方朋友、创一份效益”的企业宗旨和“明天的事今天办、今天的事现在办、现在的事立即办”的工作作风，认真贯彻“服务为先、指导为上、监督检查、整改到位”的监理工作指导思想，以优质的服务、良好的信誉得到了建设单位和社会各界的广泛好评。

历史从昨天走来，融入今日的辉煌。2008年，因业绩突出，公司荣获“河南省五一劳动奖状”，2008年、2010年被中国工程建设协会评为“全国先进监理单位”，2010年、2012年、2014年连续被河南省建设厅评为“先进监理企业”和“全省监理企业20强”，2011年被中华全国总工会授予“全国五一劳动奖状”，公司董事长、总经理先后被推选为铁路集团劳动模范、郑州市第十三届政协常委，2007年荣获河南省五一劳动奖章，2009年荣获全国五一劳动奖章。

展望未来，河南长城铁路工程建设咨询有限公司将努力把握机遇，立足于以信誉求生存、以安全质量求发展，为社会监造出一个个放心工程，朝着有公信力的名牌咨询公司奋进！

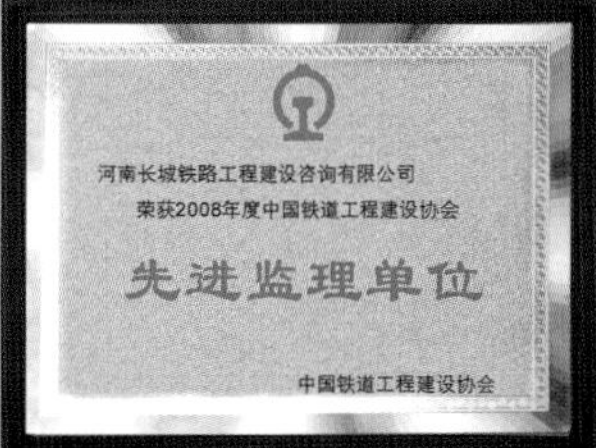

公司与美国哈莫尼公司联合监理的郑徐客专项目

兰新客专

公司参与监理的泛亚铁路通道大瑞线，其中秀岭隧道是泛亚铁路西线重要组成部分大（理）保（山）段重点控制性工程，该隧道穿越7条断裂带和160多处围岩，地质复杂，施工难度大，工期长

公司监理的晋中南重载铁路是我国“十一五”铁路建设重点工程，世界上第一条按30吨重载铁路标准建设的铁路

公司监理的郑州至郑州新郑国际机场城际铁路机场地下车站工程，该地下车站是目前全国在建的最大规模机场地下车站

公司监理的武汉至黄冈城际铁路黄冈公铁两用长江，大桥全长4008m，设计为双层桥面，下层为双线高速铁路，主跨567m，是世界已建和在建同类型桥梁中跨度最大的

公司监理的郑州地铁一号线工程

公司监理的郑州京沙快速通道工程

公司监理的郑州陇海快速路工程

公司监理的高速公路项目

公司监理的部分住宅楼项目

公司监理的国家援建刚果布学校项目